高等教育美术专业与艺术设计专业"十三五"规划教材

Illustrator 基础教程

ILLUSTRATOR JICHU JIAOCHENG

赵争强　杜　兵　编著

西南交通大学出版社

·成都·

内 容 简 介：本书根据国家对美术专业与艺术设计专业设置与教学的评价标准、培养目标等要求组织编写，是讲授 Illustrator CS4 的基础知识及使用方法的教材。书中涉及的主要内容包括 Illustrator CS4 的基础知识，工作界面，基本操作方法，基本绘图工具使用，打印和任务自动化等相关内容。本书还安排了综合实例用于提高读者对 Illustrator CS4 操作的掌握和应用水平，具有很强的实用性和可操作性，是一本适合于高等院校相关专业使用的优秀教材。

图书在版编目（CIP）数据

Illustrator 基础教程 / 赵争强，杜兵 编著 . — 成都：西南交通大学出版社，2015.11

高等教育美术专业与艺术设计专业"十三五"规划教材

ISBN 978-7-5643-4399-6

Ⅰ . ① I… Ⅱ . ①赵…②杜… Ⅲ . ①图形软件—高等学校—教材 Ⅳ . ① TP391.41

中国版本图书馆 CIP 数据核字（2015）第 269302 号

高等教育美术专业与艺术设计专业"十三五"规划教材

Illustrator 基础教程

赵争强　杜　兵　编著

责任编辑	罗小红
特邀编辑	李秀梅
封面设计	姜宜彪

出 版 发 行	西南交通大学出版社
	（四川省成都市金牛区交大路 146 号）
发行部电话	028-87600564 028-87600533
邮 政 编 码	610031
网　　址	http://www.xnjdcbs.com
印　　刷	河北鸿祥印刷有限公司
成品尺寸	185 mm × 260 mm
印　张	10.5
字　数	225 千字
版　次	2015 年 11 月第 1 版
印　次	2016 年 2 月第 1 次
书　号	ISBN 978-7-5643-4399-6
定　价	58.50 元

前　言

　　本书是根据高等院校美术专业与艺术设计专业教育的客观规律，遵循国家对美术专业艺术设计专业的评价标准、培养目标等要求，由多位从事本专业的专家、老师、广告公司设计人员参与组织编写的一本独具特色的绘图软件学习的教材。

　　本书的内容是 Illustrator CS4 的基础知识。Illustrator CS4 是美国奥多比（Adobe）公司推出的专业矢量绘图工具，是出版、多媒体和网络图像的工业标准矢量插画软件。

　　无论是印刷出版线稿、生产多媒体图像的设计者，还是互联网页或在线内容的制作者，都会发现 Illustrator CS4 不仅是一个艺术产品制作工具，而且能适用于大部分小型设计与大型复杂的设计制作项目。

　　作为全球著名的图形软件，Illustrator CS4 以其强大的功能和体贴用户的界面优势，占据了美国 MAC 机平台矢量软件 97% 以上的市场份额。尤其是基于奥多比公司专利的 Post Script 技术的运用，Illustrator CS4 在桌面出版领域显示出极大的优势。

　　本书注重学生们思维的创新性与知识的应用性、针对性、时效性，适用于普通本科及高职高专院校美术专业与艺术设计专业的在校学生。本书有三个特点：首先，实例丰富有趣、涉及面广，每一个实例都给出了详细的步骤和操作方法。其次，注重知识的融会贯通，常常将多个命令和参数放在一起讲述，并举了一个或多个贴切的实例。最后，详略得当，重点突出，对一些重要的知识点和实例能够讲解得非常清晰。本书最主要的特点是注重理论与实际应用相结合，采用了大量的实际设计案例，设置了切实可行的实操训练方法，努力地将 Illustrator CS4 的基础知识融入实践操作之中。

　　本书还吸收了多种先进的设计方法和教学模式，力求把当前最先进的设计理念融入书中，给使用本书的老师和学生带来惊喜，希望这本书能成为老师和学生的良师益友，同时也欢迎广大专家和业内人士给予批评指正。

编著者

目　　录

第 1 章　基础知识

1.1　中文版软件简介

作为全球最著名的矢量图形软件，Adobe Illustrator 应用于出版、多媒体和在线图像的工业标准矢量插画绘制领域。通过 Adobe Illustrator CS4 软件，制作者可以创建可输出到大多介质的复杂图稿。其软件提供的高精度和控制设计线图功能可以适合生产任何小型设计与大型的复杂设计项目。Adobe Illustrator 以其强大的功能和体贴制作者的界面，已经占据了全球矢量编辑软件中的大部分份额。

Illustrator 目前最新的版本是 Adobe Illustrator CC，新版本增加并改进多项命令的性能，以及与其他 Adobe 应用程序的紧密集成，可帮助制作者制作与众不同的图形，以用于印刷、网络与交互式内容及移动通信与动画设计等。

1.2　软件的安装、卸载、启动与退出

1.2.1　安装 Illustrator CS4 中文版

Illustrator CS4 与奥多比公司的其他绘图软件的安装步骤基本一样，并不复杂，安装步骤如下：

将 Illustrator CS4 的安装光盘放入光驱，系统将自动运入安装程序。屏幕上弹出初始化的浮动安装窗口，稍等几秒钟之后，按照浮动窗口的显示输入安装序列号，如图 1-2-1 所示。

图 1-2-1

输入序列号后，单击【下一步】按钮，出现 Illustrator CS4 的授权协议窗口。单击【下一步】按钮，进入"安装选项设置"界面，可以点击"安装位置"右侧的【更改】按钮，重新选择安装区域。在"安装选项"窗口的右侧，有一列为 Illustrator CS4 默认的安装软件，这些软件均可以一同安装，如图 1-2-2 所示。

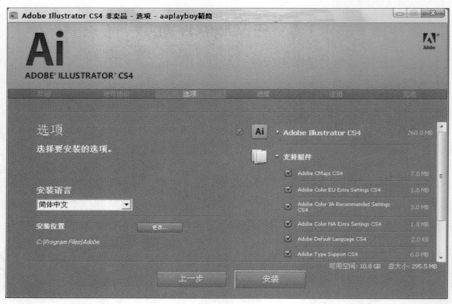

图 1-2-2

单击【安装】按钮，进入安装状态，如图 1-2-3 所示。安装完成之后，在显示的浮动面板上单击【完成】按钮，即完成 Illustrator CS4 的安装程序。

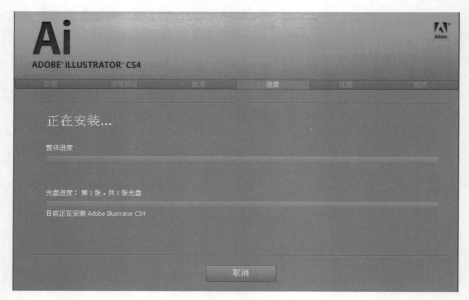

图 1-2-3

软件安装完成之后，Illustrator CS4 会自动在 Windows 系统的"桌面"→"开始"→"所有程序"→"Adobe"下添加启动图标，如图 1-2-4 所示。点击"Adobe Illustrator CS4"图标即可开启程序。

图 1-2-4

如果为了日常操作方便，可以在图 1-2-4 操作的基础上，点击鼠标右键，选择"发送到"→"桌面快捷方式"（如图 1-2-5 所示），就可将启动图标发送到桌面上，便于日常操作，如图 1-2-6 所示。如果用鼠标左键点击拖拽图标，就会将启动图标剪切至桌面，而不是复制到桌面；如果因直接拖拽而丢失桌面图标，则需要重新安装软件，否则无法启动。

图 1-2-5

图 1-2-6

1.2.2　卸载 Illustrator CS4 中文版

卸载 Illustrator CS4 需按照以下步骤进行：在 Windows 系统的"桌面"中，单击"开始"→"控制面板"，如图 1-2-7 所示。在"控制面板"中，双击"删除或添加程序"图标，如图 1-2-8 所示。

图 1-2-7　　　　　　　　　　　　　　　　图 1-2-8

在弹出的"删除或添加程序"视窗中，找到 Illustrator CS4 的安装程序并单击，然后点击【更改 / 删除】按钮，如图 1-2-9 所示。

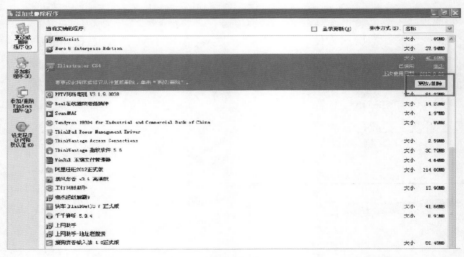

图 1-2-9

在弹出的 Illustrator CS4 卸载对话框中（如图 1-2-10 所示），单击【是】按钮，即刻开始卸载。在卸载完成后，视窗中显示完成，点击【完成】按钮，就完成了对该软件的卸载。

图 1-2-10

1.2.3 启动 Illustrator CS4 中文版

启动 Illustrator CS4 中文版，可以在桌面上双击 Illustrator CS4 的启动图标，如图 1-2-11 所示。也可以在 Windows 系统的"桌面"→"开始"→"所有程序"→"Adobe"单击 ，启动程序。程序启动后，在桌面上可以看到 Illustrator CS4 中文版的工作桌面，如图 1-2-12 所示。

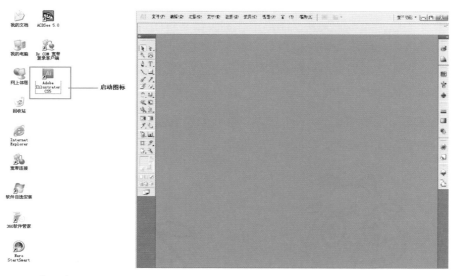

图 1-2-11   图 1-2-12

1.2.4 退出 Illustrator CS4 中文版

在使用软件完成设计后，可以点击 Illustrator CS4 工作界面右上角的 按钮，如图 1-2-13 所示，程序就可以完成安全退出。建议在安全退出之前，对设计图稿进行存储，便于下次修改。如果未能安全退出，会造成存储文件错误，存储错误或损坏的文件有可能不能打开进行修改，甚至无法使用。

图 1-2-13

1.3　矢量图和位图

在图像设计领域，图像被分为矢量图和位图两类。这两类图像是计算机描述和现实图形图像的不同方式，分别具有不同的特点。相应地，在设计过程中，它们也发挥着各自不同的作用。为了便于设计者在设计中区分和使用，下面对两类图像的特点进行详细的讲述。

1.3.1　矢量图

矢量图（vector graphics）又被称为向量图形或面向目标的图形。它用线条和曲线来描述图形，这些线条和曲线被定义为"矢量"，成为计算机数字描述对象的模式。"矢量"是根据图像的几何特性来描绘对象，计算机以点和线的属性方式识别图像，所以矢量图的大小与分辨率无关。矢量图无论怎样被放大或缩小，或者改变颜色，都不会失真，图形边缘不会出现位图边缘那样的锯齿状，而是始终保持着清晰的线条和明确的色彩。原因就在于计算机的点和线条的识别方式。Illustrator CS4 就是矢量图绘制软件，其绘制的图形直接存储的默认格式均为矢量图的存储格式。

图 1-3-1 为矢量图的全图效果。图 1-3-2 为图 1-3-1 局部放大的效果，其放大后色彩保真度较强，仍能显示出清晰的线条效果。

图 1-3-1

图 1-3-2

对于打印和印刷而言，矢量图是可以让线条和色彩保真的一种极好的图形处理方式。尤其是在设计标志或 VI 系统手册时，一般都使用矢量图。矢量图的最大优点是能够平滑输出，在输出文字时，文字边缘可以保持顺滑的曲线效果，这一点使其被广泛应用于标志设计中。

Illustrator CS4 在绘制、编辑矢量图的同时，也能够对位图进行处理，支持矢量图和位图之间的转换，包括印刷之前的排版输出。

1.3.2 位　图

位图（bitmap）又被称为光栅图像、栅格图像或点阵图，它是由像素点构成的，这些像素点就是一个个小方形，当它们以网状排列即成为人们所看到的位图。

由于位图由无数个像素点组成，每个像素点都有自己特定的位置和颜色色值，因此位图的大小由分辨率决定。分辨率是指单位面积内包含像素点的多少。像素点多，则分辨率高；像素点少，则分辨率低。分辨率高的图像，色彩变化细腻，细节丰富、清晰；分辨率低的图像，色彩过渡差，放大后色彩分布不均，且容易发生扭曲变形的状况。

图1-3-3为位图全图效果，图1-3-4为位图1-3-3局部放大的效果。可见，已经出现色彩分布不均和边缘栅格化的情况。

如果希望设计稿输出后清晰度高，就应该采用分辨率高的位图进行设计，同时将输出的数值尽量调高一些，这样才能得到高水平的图像。

图1-3-3

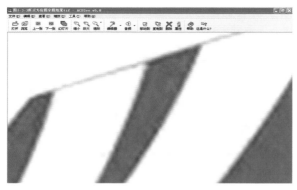

图1-3-4

1.4　色彩的模式

设计文件的大小和打印效果均由图像的色彩决定。Illustrator CS4 中文版支持屏幕显示和打印输出等多种色彩模式。单击软件工作界面右边 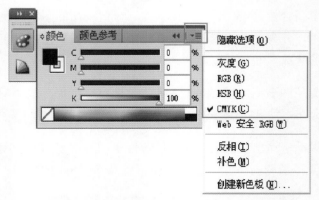，【颜色】面板右上角的下拉箭头，弹出的对话框显示支持的色彩模式，如图 1-4-1 所示。

图 1-4-1

设计中常用的色彩模式有：灰度模式、RGB 模式、HSB 模式和 CMYK 模式。每种模式根据自身特性的不同应用于不同的设计中。

1.4.1　灰度模式

图像的灰度模式是用单一色调表现图像。一个像素的颜色用八位元来表示，一共可表现 256 阶（色阶）的灰色调（含黑和白），也就是 256 种明度的灰色，即黑→灰→白的过渡，如同黑白照片。灰度模式中，每个像素的范围值从 0（黑色）至 255（白色）。当 K 值为 0 时为白色；K 值为 100% 时为黑色。

图 1-4-2 为 RGB 颜色原图，图 1-4-3 为 RGB 颜色转为灰度模式后的数值，四个模式之间可以相互转换。

图 1-4-2

颜色转为灰度模式后的数值

图 1—4—3

1.4.2 RGB 模式

所谓 RGB，R 代表红色（red），色值为：R=255，G=0，B=0；G 代表绿色（green），色值为：R=0，G=255，B=0；B 代表蓝色（blue），色值为：R=0，G=0，B=255。在 Illustrator CS4 中，【颜色】面板的 RGB 色彩模式如图 1—4—4 所示。面板中，色值数据均可以调控。RGB 模式的本质是红、绿、蓝三种色相叠加，形成其他颜色，所以也称为加色模式。由于每一种颜色都有 256 个（0~255）亮度水平级，因此这三种颜色可以组合成 1 670 万种颜色。

图 1—4—4

RGB 模式是显示器最常用的一种色彩模式，也称为原色模式，是大多数图像处理软件的默认色彩模式。就编辑图像而言，RGB 色彩模式可提供全屏幕、达 24 bit 的色彩范围，是最佳的色彩模式。在打印中，由于 RGB 模式所提供的有些色彩在颜料中是不存在的，系统将自动进行 RGB 模式与 CMYK 模式的转换。因此在打印一幅 RGB 模式的图像时，必然会损失一部分色彩，并且往往失去比较鲜艳的色彩。

1.4.3 HSB 模式

HSB 模式中，H、S、B 分别表示色相（hue）、饱和度（saturation）、亮度（brightness），这是一种从视觉的角度定义的颜色模式。在 Illustrator CS4 中，该模式可以轻松选取各种不同亮度和色相的色彩。HSB 模式的【颜色】面板如图 1—4—5 所示。在 HSB 模式中，设计者只需要从色相、饱和度和亮度方面选配出需要的色彩。

图 1—4—5

基于人类对色彩的感觉，HSB 模型描述颜色的特征如下：

（1）色相

在 0~360° 的标准色轮上，色相是按位置度量的。在通常的使用中，色相是由颜色名称标志的，如红色、绿色或橙色。

（2）饱和度

饱和度是指颜色的强度或纯度。饱和度表示色相中彩色成分所占的比例，用从 0（灰色）至 100%（完全饱和）的百分比来度量。在标准色轮上，饱和度是从中心逐渐向边缘递增的。

（3）亮度

亮度是颜色的相对明暗程度，通常是从 0（黑）至 100%（白）的百分比来度量的。

1.4.4 CMYK 模式

CMYK 代表印刷上用的四种颜色，C 代表青绿色（cyan），M 代表品红色（magenta），Y 代表黄色（yellow），K 代表黑色（black）。在 Illustrator CS4 中，CMYK 模式如图 1–4–6 所示。

图 1–4–6

在实际应用中，青绿色、品红色和黄色叠加很难形成真正的黑色，最多只是形成褐色而已，因此才引入了黑色。黑色的作用是强化暗调，加深暗部色彩。由于 RGB 颜色合成可以产生白色，因此也称它们为加色。RGB 产生颜色的方法称为加色法。青绿色、品红色和黄色的色素在合成后可以吸收所有光线并产生黑色，这些颜色因此被称为减色。CMYK 模式产生颜色的方法称为减色法。

在处理图像时，如果是简单练习，一般不采用 CMYK 模式，因为这种模式的图像文件占用的存储空间较大。但是，如果制作用于印刷的设计作品，就应采用 CMYK 模式，以减少印刷时再次调整的麻烦。

第2章　工作界面

2.1　中文版软件的工作界面

Illustrator CS4 中文版软件的功能十分强大，窗口、面板、菜单和指令比较复杂，在下面的内容中逐步将进行学习，现在先从工作界面开始介绍。Illustrator CS4 中文版的默认工作界面如图 2-1-1 所示。

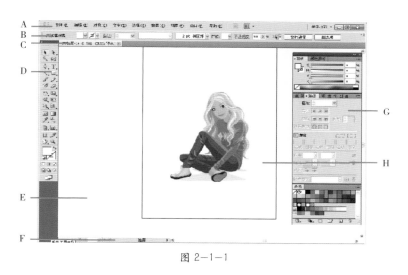

图 2-1-1

Illustrator CS4 的标准工作界面各组成部分如下：

① 菜单栏，包含了 Illustrator CS4 所有的绘图和编辑操作命令，共 9 个菜单项。

②属性栏，调控所选工具的对象属性。点击工具箱中的工具或选取对象后，可以通过修改属性栏中参数进行设置。

③标签栏，显示当前编辑文档的名称、文件格式、显示比例和色彩模式。

④工具箱，包含绘制和编辑图稿的所有工具。

⑤草稿区，此区域也可以进行图形的绘制、编辑和存储，但是该区域的图形不能打印显示。

⑥状态栏，显示当前文档一些信息，包括视图比例、当前编辑图形的页面和正在使用的工具。

⑦各种面板，可以用于快速执行操作的工具。

⑧画板窗口，是在 Illustrator CS4 中设计与绘制图稿的区域。

在 Illustrator CS4 中有三种屏幕切换模式，且这三种模式的工作界面和面板的显示状态完全不同，可以通过工具箱底部的【更改屏幕模式】按钮 ▭ 进行切换。点击按钮出现的下拉菜单，如图 2-1-2 所示。

正常屏幕模式：此为软件默认模式，在标准窗口中显示图稿。菜单栏位于窗口上部，滚动条位于窗口一侧，如图 2-1-3 所示。

图 2-1-2   图 2-1-3

带有菜单栏的全屏模式：在全屏窗口中显示图稿，但在此种状态编辑文档不显示标题栏与滚动条，如图 2-1-4 所示。

图 2-1-4

全屏模式：在全屏模式中只显示图稿和图稿状态栏，不显示标题栏、菜单栏和滚动条，如图 2-1-5 所示。

图 2-1-5

2.2　菜单栏

菜单栏中包含了 Illustrator CS4 中的所有命令。Illustrator CS4 的各种编辑命令被分类设置在不同的菜单中，只需选择相应的菜单，就可以执行图形编辑。

各个菜单的主要功能如下：

【文件】菜单：主要管理编辑文档，例如文档的新建、打开、关闭、储存、打印等，如图 2-2-1 所示。

【编辑】菜单：主要处理复制、选取、定义图案，编辑颜色，打印预设，颜色设置和首选项等，如图 2-2-2 所示。

图 2-2-1　　　　　　　　　　图 2-2-2

【对象】菜单：主要针对图形的管理、改变造型而进行的绘图命令，如图 2-2-3 所示。

【文字】菜单：主要集合了文字处理编辑的相关命令，并配合文字工具的面板和属性栏一同进行调整，可以实现报刊、广告册页等印刷物的文字排版功能，如图 2-2-4 所示。

【选择】菜单：主要是选取和编辑对象的功能，其中的一些特殊功能可以极大地简化操作复杂程度，例如将选取的对象实行"相同/描边颜色或不透明度"等，如图 2-2-5 所示。

图 2-2-3

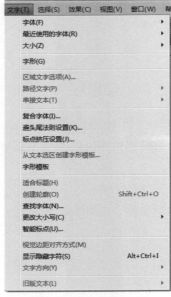

图 2-2-4

图 2-2-5

【效果】菜单：主要是对选取图像进行一些特殊美化效果处理，如图 2-2-6 所示。其中的【文档栅格效果设置】选项可以将文档中的图形进行矢量图转化，转化为其他的色彩模式。

【视图】菜单：主要是调控工作界面的显示方式，如图 2-2-7 所示。其中，【标尺】选项和【参考线】选项可以对即将印刷的图稿进行设计标准化的帮助；【显示网格】选项则较多用于绘制标准时间，令其每一点制作变得易于控制。

【窗口】菜单：主要用于控制工作界面中显示各类属性栏、面板、工具等，如图 2-2-8 所示。【窗口】菜单中还设置了多个资料图库，在菜单最下方可以检视同时打开的多个文档，实现切换功能。

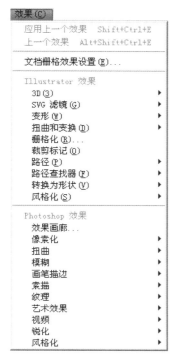

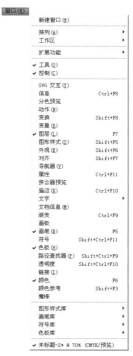

图 2-2-6　　　　　　　　　图 2-2-7　　　　　　　　　图 2-2-8

2.3　工具箱

Illustrator CS4 的工具箱中包含了很多用于绘制、选择和处理图形的工具，如图 2-3-1 所示。点击【窗口】→【工具】，可以隐藏或显示工具箱。第一次启动 Illustrator CS4 后，工作界面左侧的工具箱会自动出现，工具箱顶部的双三角图标是工具箱两栏和一栏之间的切换按钮。Illustrator CS4 的工具箱分为选取工具组、绘图工具组、变形工具组、色彩变换和测试工具组、符号与图表工具组、切割工具组、填充及笔触按钮工具组、屏幕模式切换工具组等。

工具箱的全部工具、分类、快捷键及隐藏的展开式工具图标如图 2-3-2 所示。

用鼠标左键单击工具箱中的按钮，可以激活该工具。激活的工具按钮呈现浅灰色状态。当工具按钮右下角有一个小黑色三角形时，表示该工具有隐藏的展开式工具面板，单击该按钮即可显示隐藏的工具面板。

图 2-3-1

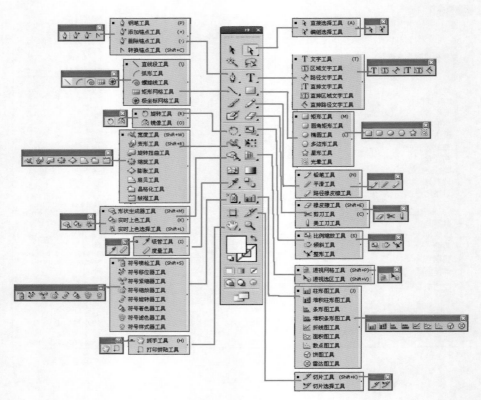

图 2-3-2

　　工具面板中，括号内的字母为此工具的快捷键，面板旁边的按钮为该工具面板中的隐藏工具按钮。如果想显示隐藏按钮，需用鼠标按住工具箱中该工具的按钮，将鼠标指针移向面板侧面的黑色三角标志按钮，同时将显示"拖出"字样，如图 2-3-3 所示。此时再松开鼠标，即可得到隐藏工具的按钮面板，如图 2-3-4 所示。隐藏工具按钮面板上部有关闭按钮，点击即可关闭。

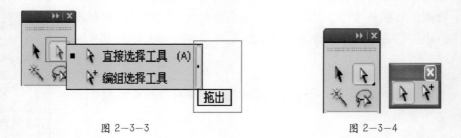

图 2-3-3　　　　　　　　　　　　　　　　　图 2-3-4

2.4 面 板

Illustrator CS4 设置有 20 多个面板，方便设计者能够便捷操作。在【窗口】菜单中可以看到这些面板，如图 2-4-1 所示。启动 Illustrator CS4 中文版后，在默认状态下，【图层】【色板】【画笔】和【符号】面板位于工作界面的右侧，如图 2-4-2 所示。这些面板可以根据需要展开、最小化或隐藏。在面板底部还设置了可调控属性的功能按钮列，如图 2-4-3 所示，通过鼠标指针可以将其拖动到工作界面的任何位置。

制作者可以根据自己的习惯任意设置面板的排列组合和显示方式。只需将鼠标按住该面板中需要分离的标签后拖动，即可将标签面板从总面板中分离出来，令其成为独立的浮动面板。用此方法也可将独立浮动面板组合成一个综合面板，如图 2-4-4 所示。

图 2-4-1

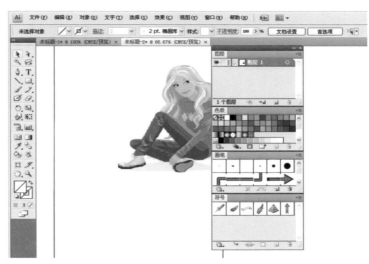

图 2-4-2

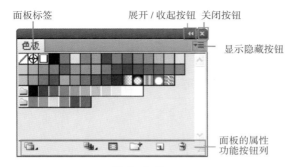

图 2-4-3

图 2-4-4

为了让设计者更好地了解 Illustrator CS4 中 20 多个面板的各自特性，下面将按照【窗口】菜单中的排列顺序，对各个面板的功能进行简要的叙述。

【SVG 交互】面板：主要用于制作 SVG 网页素材，采用输出方式，如图 2-4-5 所示。

【信息】面板：显示当前图形的坐标值、宽度、高度等信息，如图 2-4-6 所示。

图 2-4-5

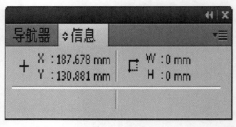
图 2-4-6

【分色预览】面板：显示当前图像的色彩模式，同时将多个颜色通道进行分离预览，如图 2-4-7 所示。这种功能与 Photoshop 中通道的概念类似，也可以在印刷前校对胶片时使用。

【动作】面板：以多个命令形成一个集合。Illustrator CS4 自带了一些动作命令，可以自定义动作，如图 2-4-8 所示。在使用时，只需要点击【动作】面板中相应的按钮，即可实现一键完成多个预设命令的效果，十分方便快捷，大大提升了工作效率。

图 2-4-7

图 2-4-8

【变换】面板：在工作区内对图形进行移动、缩放、旋转等位置变化时，可以使用该面板上的功能，如图 2-4-9 所示。

【变量】面板：可以管理文件中的变量和数据组，如图 2-4-10 所示。

图 2-4-9

图 2-4-10

【图层】面板：用来编辑、预览和处理图像对象。该面板便于操作图形复杂的文件。设计者可以通过图层完成对当前图形的上下位置、删除、替换、拷贝等命令，如图 2-4-11 所示。

【图层样式】面板：与【动作】面板的功能近似。该面板是对图层中所有图形可以实施预设集合命令的指令，如图 2-4-12 所示。

图 2-4-11

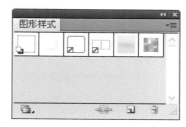

图 2-4-12

【外观】面板：用于管理当前选取对象的外观属性，包括描边、填充和变换效果等，如图 2-4-13 所示。

【对齐】面板：用于两个以上选取图形之间位置的精确安排，细微到之间的间距均可以调整，如图 2-4-14 所示。该功能在需要精确位置的设置图稿中非常实用，如日历设计等。

图 2-4-13

图 2-4-14

【导航器】面板：显示图形在工作区中的位置信息，如图 2-4-15 所示。

【属性】面板：可用于控制是否显示对象中心点设置，如图 2-4-16 所示。

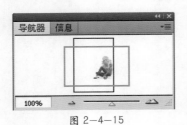

图 2-4-15

图 2-4-16

【拼合器预览】面板：可以让设计者在打印输出前预览需要拼合的部分，而进行操作，如图 2-4-17 所示。

【描边】面板：用于调控设置路径后进行描边的效果，如粗细、虚线、描边的起点和终点是否设置图形等，如图 2-4-18 所示。

图 2-4-17

图 2-4-18

【文字】菜单：该子菜单下包含多个面板，如图 2-4-19 所示。包含的【Flash文本】【字形】【字符】【段落】等面板均用于文字效果的设计和调控，如图 2-4-20~ 图 2-4-27 所示。

图 2-4-19

图 2-4-20

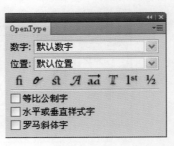

图 2-4-21

图 2-4-22　　　　　　　　　　图 2-4-23　　　　　　　　　　图 2-4-24

图 2-4-25　　　　　　　　　　图 2-4-26　　　　　　　　　　图 2-4-27

【文档信息】面板：显示当前文档的色彩模式、大小尺寸、标尺配备等较为详细的基本信息，如图 2-4-28 所示。也可以用于打印输出校对使用。

【渐变】面板：用于调控工具箱中的【渐变工具】的各项参数，例如渐变色彩、过渡效果、类型、渐变样式等，如图 2-4-29 所示。

图 2-4-28

图 2-4-29

【画板】面板：用于多个画面中的检视功能。浏览存在于工作界面的多个画面时，需要用工具箱内的【抓手工具】，如图 2-4-30 所示。该功能还可将多个画板之间的上下位置在面板上通过按钮进行调控。此面板较常用于多页设计图的制作，如广告册、CI（企业视觉形象识别系统）设计手册等。

【画笔】面板：主要为工具箱内【画笔工具】的辅助功能调试面板，还可以调控画笔的大小、样式、笔刷效果、图案等，如图 2-4-31 所示。

图 2-4-30

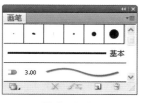

图 2-4-31

【符号】面板：使用时，首先要选择工具箱内的【符号喷枪工具】，然后点击【窗口】→【符号库】，就可使用 Illustrator CS4 自带的多种预设符号样式，如图 2-4-32 所示。【符号】面板可以对这些已有符号进行编辑、调整，制作者还可以根据需要自行定义符号。

【色板】面板：可以保存各种颜色，包括实色、渐变色、图案和色阶等，将用于填充图形内部或轮廓色彩，如图 2-4-33 所示。同时，该面板还有【色板库】快捷按钮，其中已有多种预设的色彩图案和配色模式。

【路径查找器】面板：配置有多个路径运算按钮，可以完成复杂路径中组合、分类等操作，如图 2-4-34 所示。

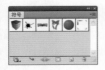
图 2-4-32

图 2-4-33

图 2-4-34

【透明度】面板：用于对位图和矢量图的透明度及混合色模式的调控，如图 2-4-35 所示。其中，创建不透明蒙板的功能较为强大，可以有效编辑位图。

【链接】面板：可显示当前文件中置入和链接的图形的信息，并且可以实现【链接】与【置入】之间的转换，如图 2-4-36 所示。

【颜色】面板：可以调控工具箱中前景色和轮廓色填充色彩的精确数值，用于填充对象，如图 2-4-37 所示。

图 2-4-35

图 2-4-36

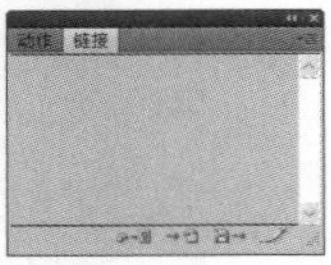

图 2-4-37

【颜色参考】面板：提供色板库中色彩的对比、协调等配色信息，如图 2-4-38 所示。

【魔棒】面板：主要用于调控工具箱中的【魔棒工具】。该面板可以设置魔棒选色的容差值，便于快速选取数量多且色差接近的颜色，如图 2-4-39 所示。在修改图形时，这个功能非常便捷。

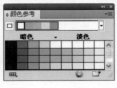
图 2-4-38

图 2-4-39

第 3 章　基本操作方法

3.1　基本文件操作

3.1.1　新建文件

设计图形的第一步就是新建空白文件。在 Illustrator CS4 中创建文件的过程不是很复杂。好的设计师从设计的第一步开始就会具备好的操作习惯和专业常识。下面从新建文件开始，看看如何能够新建一个符合专业设计标准的空白界面。

点击【文件】→【新建】，就可看到新建文件的对话框，如图 3-1-1 所示。对话框中可以设置文件的名称、大小、宽度与高度的数值和单位，色彩显示模式，画板数量，以及出血数值。设计者应该知道各种纸张的具体数值，例如全开、半开等纸张的准确数值等。在纸张类型中有一些纸张的预设尺寸，常规的可以通过选择类型成功设置尺寸。"出血"指在文件制作过程中，为印刷时进行裁切预留的尺寸。尤其需要注意，如果文件边缘有文字或完整图形，靠近此部分的出血尺寸尽量设置稍大一些，这样可以避免印刷后裁切掉文件的重要信息。

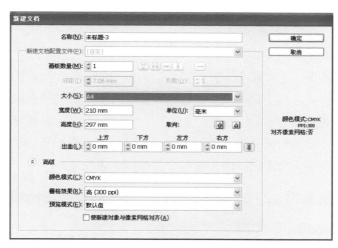

图 3-1-1

【新建文档】对话框的【高级】设置中，有【颜色模式】选项，其中包含的 CMYK 模式通常用于印刷文件，RGB 模式多用于网页素材制作或者日常联系。"栅格效果"指的是转为位图的分辨率数值，Illustrator CS4 预设中有三种。分辨率数值 300 多用于印刷分辨率低于 300 的图形，在印刷成品中容易出现边缘锯齿严重的现象。分辨率数值 150 一般用于一些精度不要求很高的设计领域，如大型喷绘等。分辨率数值 72 的设计图形多在电脑屏幕中出现的情况，如网页素材、网络游戏等。

3.1.2　打开文件

在 Illustrator CS4 中打开文件有两种方式：

第一种，单击【文件】→【打开】，如图 3-1-2 所示。在图 3-1-3 中可以通过对话框中"查找范围"的黑色下拉三角形标志，自行寻找编辑文档。

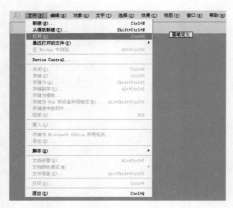

图 3-1-2

图 3-1-3

第二种，单击【文件】→【最近打开的文件】，从中可以看到最近编辑过的文档信息，点击所需即可，如图 3-1-4 所示。

3.1.3　保存文件

点击【文件】→【存储】，就可以将当前编辑的文件存储。图 3-1-5 为存储面板。需要注意：点击【存储】意味着对原有文件直接覆盖性存储，之前的文件就被替换为最近一次存储的 AI 格式文件。【存储为】指可以选择将当前文件改变名称或者模式存储为另一个文件的功能。如果既想另存储一个当前操作的文件，又想让当前文件不会被关闭，则需选择【存储副本】命令。

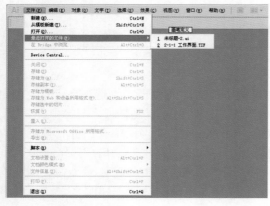

图 3-1-4

图 3-1-5

在这里还需要了解一下几种文件存储中的保存类型。

Adobe Illustrator（AI）：Illustrator 软件默认的标准格式。此格式的文件在下一次的 Illustrator 编辑中，文件内的各项图形参数都可以保留最后一次存储的样式，同时也可以进行修改调整。

Adobe PDF：便携文档格式，是将文件中的图形转换为栅格化图片。可用于网上文件的传输，具有很高的安全性。此格式文件可用 Adobe Reader 软件开启浏览，或者用其他图像浏览器浏览。

Illustrator EPS：用于存储矢量和位图信息的文件格式，与其他排版软件兼容效果较好。

Illustrator Template：属于 Illustrator 自带模板的存储格式。

SVG 和 SVG 压缩：矢量网页素材格式。

FXG：编程语言的图形文件格式。

3.1.4　输出文件

在 Illustrator CS4 中，可以将 Illustrator 文件以不同的格式进行导，且导出的文件可以用相应的作图软件编辑使用。具体操作步骤如下：

首先，输出当前操作文件，单击【文件】→【导出】（如图 3–1–6 所示），可弹出【导出】对话框，如图 3–1–7 所示。

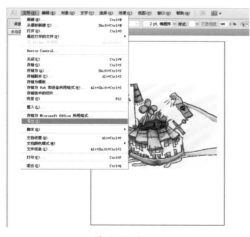

图 3–1–6

图 3–1–7

其次，在对话框中设置文件保存位置、文件名称、输出格式，完成后单击【保存】按钮，会弹出【保存类型】对话框。例如将文件导出成 JPEG 格式，会弹出【JPEG 选项】对话框，如图 3–1–8 所示。完成设置后单击【确定】按钮。

图 3-1-8

3.1.5　输出文件格式

在 Illustrator CS4 中，文件可以被输出成多种格式，因此可以根据之后文件的用途和使用的程序来选择输出格式，如图 3-1-7 所示。输出格式的情况如下：

第一，点击【文件】→【存储】，将文件存成 EPS 格式或 PDF 格式。这两种格式用于印刷前排版所用。需要注意的是，文件中置入的位图应设置为 CMYK 模式。

第二，用于 Postscript 打印机打印。大部分打印机都接受 Postscript 格式文件。

第三，用于非打印方式以点阵图输出，可以选择 TIFF、PSD 或 WMF 等格式。

第四，用于网页制作素材，可以选择 JPEG、PNG、GIF、SVG 和 SWF 格式。

3.1.6　关闭文件

在 Illustrator CS4 中，关闭当前操作文件的方法有两种：

第一种，点击【文件】→【关闭】，如图 3-1-9 所示。

第二种，选择当前操作文件标签栏中的【关闭】按钮 ⊠，即可关闭文件，如图 3-1-10 所示。

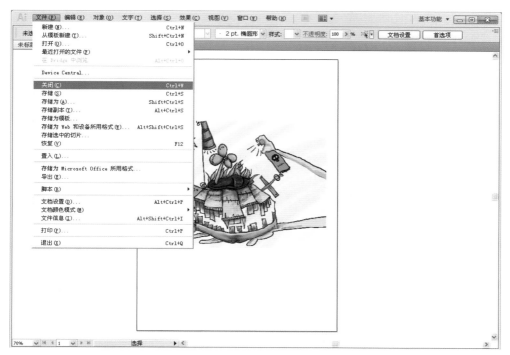

图 3—1—9

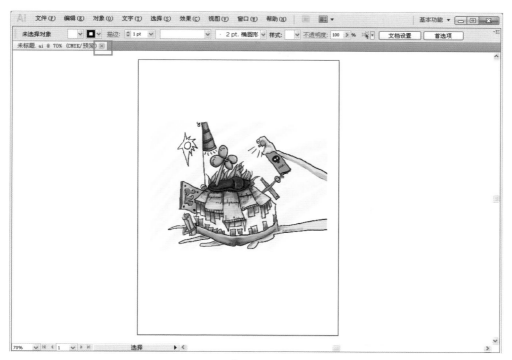

图 3—1—10

3.2　选择工具的使用

在 Illustrator CS4 中，选择工具是最基本的使用工具。无论是创建新图稿还是编辑现有图稿，都不可避免地需要使用选择工具。工具箱中的选择工具有四个，功能都是用于选择。下面主要探讨【选择工具】、【直接选择工具】和【魔棒工具】。

3.2.1　选择工具

使用【选择工具】，将鼠标指向工作界面中的图形时，鼠标变为，图形四周出现带有蓝色对角线的边框，表示下面有可以选取的对象。单击需要选择的对象，即可选取。

当需要选取画面中多个图形时，可以单击，在工作界面画一个可以圈住多个选取图形的大选取框，然后松开鼠标，即可得到多个图形同时选取的效果。或者点击一个对象后（如图 3-2-1 所示），然后按住键盘上 "Shift" 键并单击其他需要选择的物体，如图 3-2-2 所示。

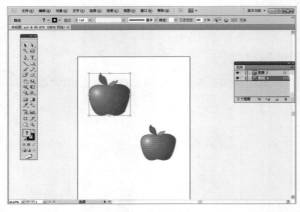

图 3-2-1

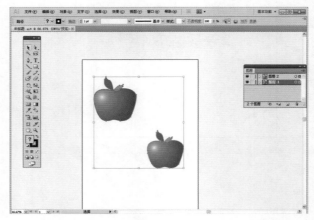

图 3-2-2

3.2.2　直接选择工具

【直接选择工具】可用来选取路径，并控制路径中锚点手柄，以此对图形造型进行调整。下面使用该工具来选择锚点和路径：

首先，点击工具箱中的【直接选择工具】，将鼠标指针指向图中苹果叶子的顶点轮廓位置，但并不单击，如图3-2-3所示。当叶子顶点出现绿色文字"锚点"时，表示已经开启智能路径功能。

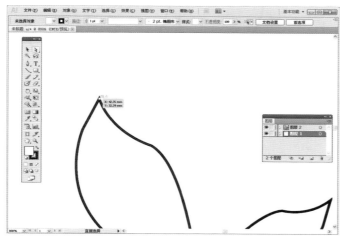

图 3-2-3

其次，用【直接选择工具】点击叶子顶部的锚点，被选中的路径中的锚点显示为实心，而未被选取的锚点则为空心，如图3-2-4所示。与锚点连接的蓝色线段为手柄，如图3-2-5所示。点击手柄就可以调整路径，从而改变图形的形状，如图3-2-6所示。

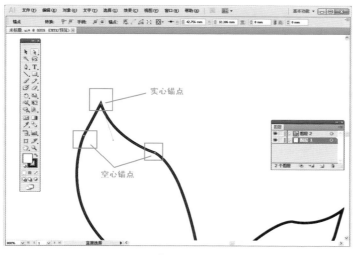

图 3-2-4

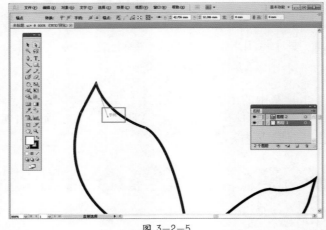

图 3-2-5

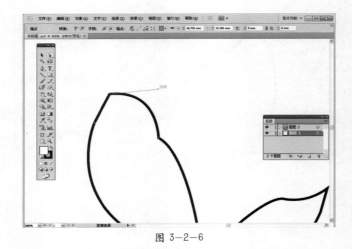

图 3-2-6

最后，当鼠标指针移到叶子边缘轮廓线时，出现绿色文字"路径"，表示该段轮廓为可选取路径，如图 3-2-7 所示。用鼠标点住该段路径即可对其进行移动或改变。

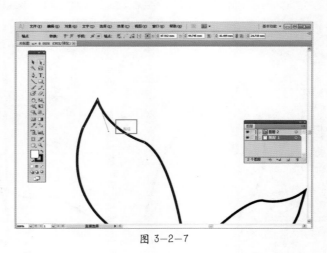

图 3-2-7

3.2.3 魔棒工具

【魔棒工具】✦ 可以用来选取文档中所有颜色相同或相近的部分。

选择工具箱中的【魔棒工具】✦，单击图中苹果的红色部分，再选择工具箱的【选择工具】▶，即可以看到文档中相同颜色的另一个苹果也被选中。

单击【窗口】→【魔棒】，在弹出的【魔棒】对话框中，点击【填充颜色】后，调整容差值。容差值越小，颜色选取范围越精确；容差值越大，近似色选取范围越宽泛，如图 3-2-8、3-2-9 所示。

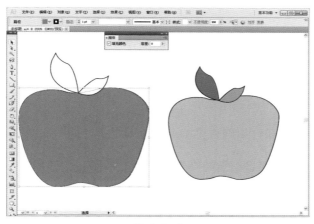

图 3-2-8

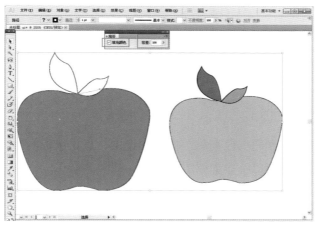

图 3-2-9

3.2.4 选取对象编组

人们经常在文档中为一个图形绘制许多部分，例如图中苹果分为果肉和两片叶子。但需要同时移动这个图形时，就需按住"Shift"键一个个点取，才能实现同时移动。如此操作，十分麻烦。选取对象"编组"的功能，可以令一个图形的多个组成部分链接在一起，在工作界面内拖拽它们就会变得非常容易。

使用【选择工具】 ![箭头] ，按住"Shift"键的同时，分别点击苹果的果肉和两片叶子，如图 3-2-10 所示。全部选中后，呈现的蓝色选框范围应该包括所选图形的全部空间，如果选框比选取图形小，则说明还有未选中的图形。

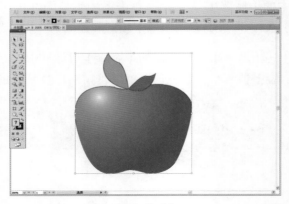

图 3-2-10

点击鼠标右键，在弹出的菜单中点击【编组】，如图 3-2-11 所示。

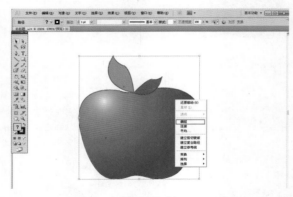

图 3-2-11

将后添加的图形和之前已经编组的图形选中，点击鼠标右键，在弹出的面板中点击【编组】，就完成了添加编组的目的，如图 3-2-12 所示。

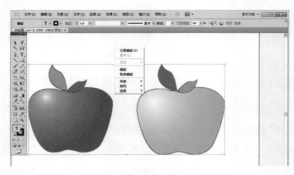

图 3-2-12

"编组"中，图形的摆放位置、图形的造型，则需要使用【编组选择工具】。该工具可以调整编组图形中的路径和锚点，从而在不打破编组的情况下改变图形形状或摆放的位置。

取消"编组"，可以通过【选择工具】选取编组图形，然后点击鼠标右键，在弹出的菜单中选取【取消编组】，即可拆分编组中的图形，如图 3-2-13 所示。如果不小心错误点击了【取消编组】，可以单击【编辑】→【还原编组】，即可还原之前的编组设置，如图 3-2-14 所示。

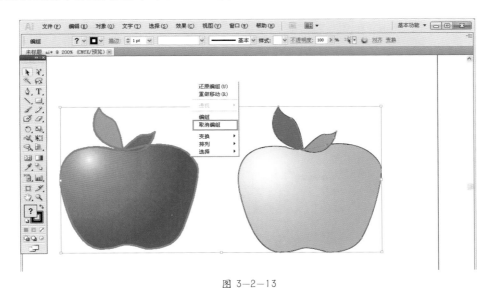

图 3-2-13

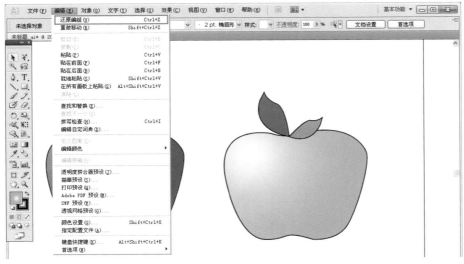

图 3-2-14

3.3 移动对象

在 Illustrator CS4 中，简单的移动对象需使用工具箱的【选择工具】 ，可以采用三种方式进行移动。

第一种，使用工具箱的【选择工具】 选取对象后，点击要选取的对象，在工作界面内拖拽。

第二种，使用工具箱的【选择工具】 选取对象后，用电脑键盘的"↑""↓""→"和"←"按键，实现位移微调。

第三种，使用工具箱的【选择工具】 选取对象后，点击【对象】→【变换】→【移动】，如图 3-3-1 所示。弹出【移动】对话框（如图 3-3-2 所示）。在对话框中可以精确调整被选对象移动的水平、垂直及旋转角度的精确数值。点击对话框中的【复制】按钮，可以在保留当前对象的前提下，精确复制出被移动或旋转的对象。这种复制可以实现多次。

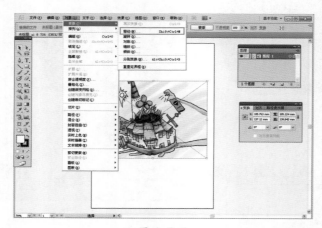

图 3-3-1

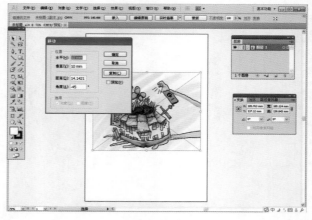

图 3-3-2

3.4　旋转对象

在 Illustrator CS4 中，旋转选取对象的操作共有两种方式，具体操作如下：

第一种，用工具箱的【选择工具】 ▶ 选取对象后，当鼠标指针移动到对象外形一个顶点的锚点附近，就会出现 ↶ 标志，代表可以进行旋转操作。按住鼠标左键即可进行旋转， ↶ 标志旁边的灰色背景的数字为旋转角度数值，如图 3-4-1 所示。

第二种，用工具箱的【选择工具】 ▶ 选取对象后，点击【对象】→【变换】→【旋转】（如图 3-4-2 所示），弹出【旋转】对话框（如图 3-4-3 所示）。在对话框中可以设置对象旋转的精确数值。点击对话框中的【复制】按钮，可以在保留当前对象的前提下，精确复制出被旋转的对象。这种复制可以实现多次。

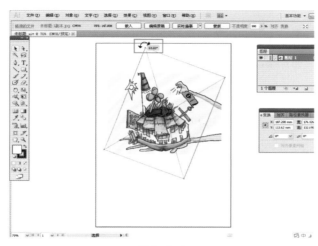

图 3-4-1

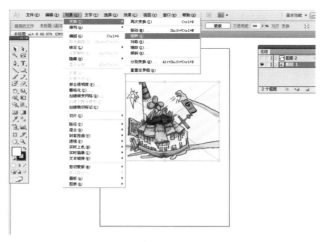

图 3-4-2

3.5 复制对象

在 Illustrator CS4 中，复制对象的操作有三种方式，具体操作如下：

第一种，用工具箱的【选择工具】 选取对象后，单击【编辑】→【复制】或【粘贴】，如图 3-5-1 所示。还可以使用这两个命令的快捷键，复制为点击键盘的"Ctrl"+"C"键，粘贴为点击键盘的"Ctrl"+"V"键。

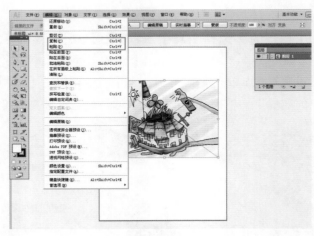

图 3-5-1

第二种，在选取对象后，用鼠标左键按住对象，同时按住键盘上的"Ctrl"+"Alt"键，直接拖拽就可复制对象。此操作可重复多次。

第三种，点击【编辑】→【变换】→【移动】【旋转】【对称】【缩放】或【倾斜】，均可弹出对应的对话框，如图 3-5-2 所示。点击对话框中的【复制】按钮，均可以精确复制变换后的对象。

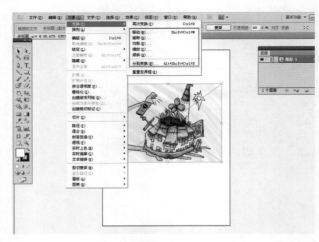

图 3-5-2

3.6 镜像复制对象

镜像复制，顾名思义就是像在镜中的影子一样，精确地在水平或垂直方向上改变并复制对象。在 Illustrator CS4 中，镜像复制对象需点击【编辑】→【变换】→【对称】，如图 3-6-1 所示。弹出的【镜像】对话框中包含【水平】和【垂直】两种镜像效果选项，如图 3-6-2 所示，其中还有【角度】选项，代表对象可以进行精确角度的旋转功能。

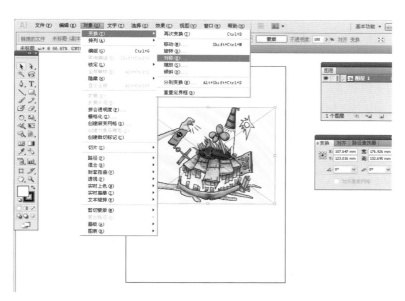

图 3-6-1

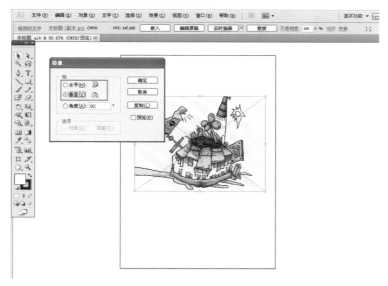

图 3-6-2

3.7　页面辅助工具

标尺、网格都是 Illustrator CS4 中很重要的辅助设计工具，它们能为设计提供功能强大的帮助，令设计更为精确。下面将分别介绍这些功能。

3.7.1　标　尺

标尺在默认状态下并不显示，它可以令在画板窗口中放置的图形更为精确，在度量对象时也有很大作用。要想显示标尺，需要点击【视图】→【标尺】，如图 3-7-1 所示。标尺位于画板窗口的顶部和左侧，如图 3-7-2 所示。

顶部的"0"为原点。为了准确测量对象的位置和大小，需要用鼠标点击标尺的原点，并将其拖拽到文档左上角顶点位置，如图 3-7-3 所示。这样设置后，利用标尺测量的数据为准确数值。

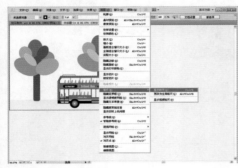
图 3-7-1

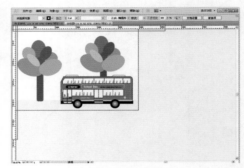
图 3-7-2

3.7.2　网　格

网格可以被用来对齐对象的位置，而且不会被打印出来。在 Illustrator CS4 的默认状态下，网格不显示。点击【视图】→【显示网格】，可以显示网格，如图 3-7-4 所示。如果想隐藏网格，点击【视图】→【隐藏网格】。

制作者如果想让对象的位置更为规整，可以点击【视图】→【对齐网格】，画板内的图形就会自动对齐位置附近的网格经纬线，如图 3-7-5 所示。

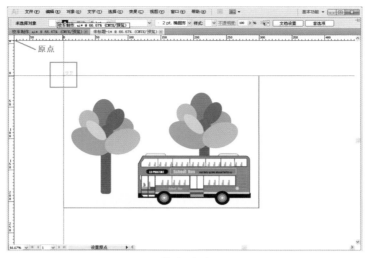

图 3-7-3

图 3-7-4

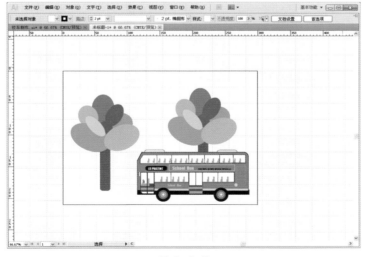

图 3-7-5

第 4 章　基本绘图工具

4.1　基本绘图工具的使用

4.1.1　矩形工具

在 Illustrator CS4 软件中，【矩形工具】用来绘制矩形和正方形。具体操作如下：

单击工具箱的【矩形工具】按钮，在画板中按住鼠标左键，向对角线方向拖拽，即可绘制矩形，如图 4-1-1 所示。

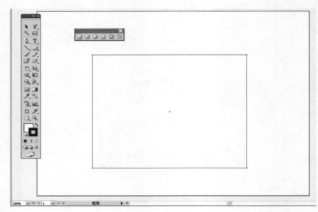

图 4-1-1

在绘制矩形的同时，按住键盘的"Shift"键，即可绘制正方形，如图 4-1-2所示。

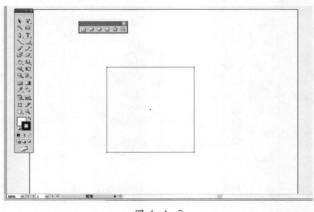

图 4-1-2

如果想绘制一个有精确数据的矩形，可选取【矩形工具】。点击鼠标左键，即可弹出【矩形】对话框，如图 4-1-3 所示。

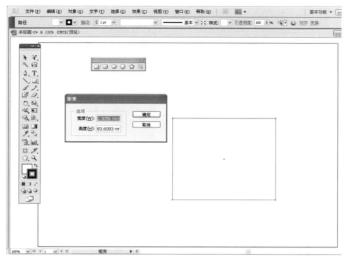

图 4-1-3

4.1.2　圆角矩形工具

【圆角矩形工具】 用以绘制圆角矩形。圆角矩形就是矩形的四个角为圆角。具体操作如下：

单击工具箱的【矩形工具】按钮，用鼠标向右拖拽，可找到【圆角矩形工具】按钮。点击【圆角矩形工具】按钮，在画板中按住鼠标左键拖拽，即可绘制圆角矩形，如图 4-1-4 所示。

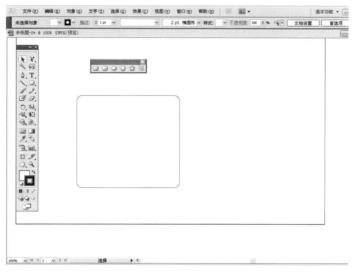

图 4-1-4

选取【圆角矩形工具】，点击鼠标左键，即弹出【圆角矩形】对话框，如图4-1-5所示。对话框中，【圆角半径】指圆角的角度，通过改变此数值可以绘制不同角度的圆角矩形。

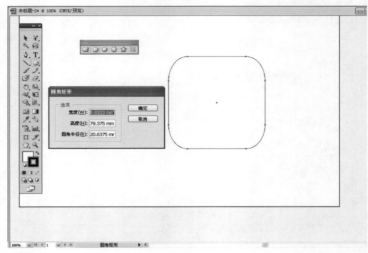

图 4—1—5

4.1.3 椭圆工具

在 Illustrator CS4 软件中，【椭圆工具】 ◯ 也是利用率很高的绘图工具，用以绘制圆形与椭圆形。具体操作如下：

单击工具箱的【矩形工具】按钮，用鼠标向右拖拽，可找到【椭圆工具】按钮。点击【椭圆工具】按钮，在画板中按住鼠标左键拖拽，即可绘制椭圆形，如图 4-1-6 所示。

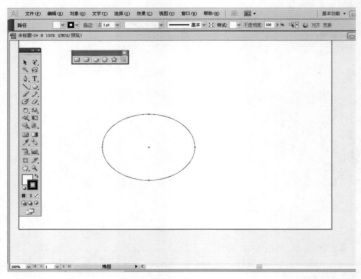

图 4—1—6

在绘制椭圆形的同时，按住键盘的"Shift"键，可以绘制圆形，如图4-1-7所示。

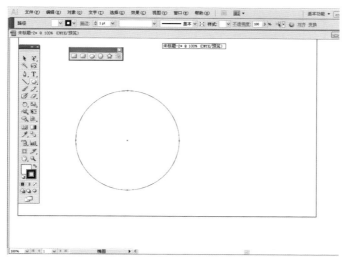

图 4-1-7

如果想绘制一个有精确数据的椭圆形，选取【椭圆工具】，点击鼠标左键，即可弹出【椭圆】对话框，如图4-1-8所示。在对话框中，调整数据设置椭圆形的大小。

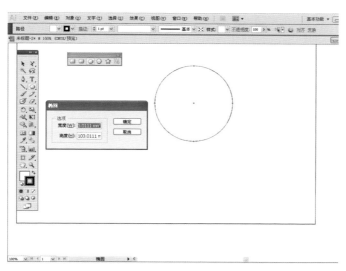

图 4-1-8

4.1.4　多边形工具

使用【多边形工具】⬡可以绘制出各种多边形，具体操作如下：

单击工具箱的【矩形工具】按钮，将鼠标向右拖拽，即可找到【多边形工具】按钮。点击【多边形工具】按钮，在画板中按住鼠标左键拖拽，即可绘制多边形，如图4-1-9所示。

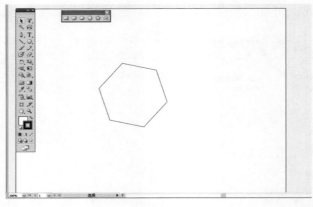

图 4—1—9

在绘制矩形的同时，按住键盘的"Shift"键，即可绘制形状规整的多边形，如图 4-1-10 所示。

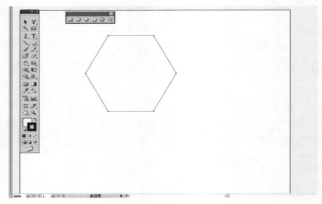

图 4—1—10

如果想绘制一个有精确数据的多边形，选取【多边形工具】。点击鼠标左键，即可弹出【多边形】对话框，如图 4-1-11 所示。对话框中的【半径】数值可以控制多边形的大小，【边数】可以调控边数的多少。

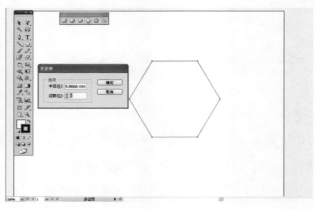

图 4—1—11

在拖拽多边形的同时，点击键盘上的"~"键，可以得到多个多边形，如图 4-1-12 所示。如果同时旋转鼠标指针移动，图形更具图案化的美观效果，如图 4-1-13 所示。

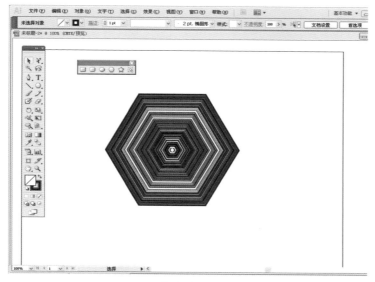

图 4-1-12

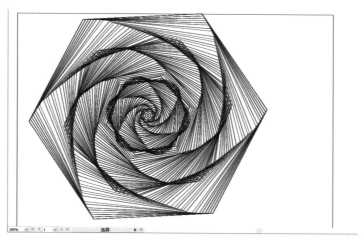

图 4-1-13

4.1.5　星形工具

使用【星形工具】☆可以绘制星形。操作方法与绘制多边形基本相同，只是对话框略有不同，具体操作如下：

单击工具箱的【矩形工具】按钮，用鼠标向右拖拽，可找到【星形工具】按钮。点击【星形工具】按钮，在画板中按住鼠标左键拖拽，即可绘制星形，如图 4-1-14 所示。

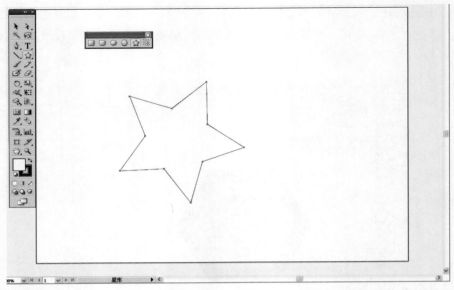

图 4—1—14

在绘制星形的同时，按住键盘的"Shift"键，绘制的星形角度就不能随意旋转，如图 4—1—15 所示。

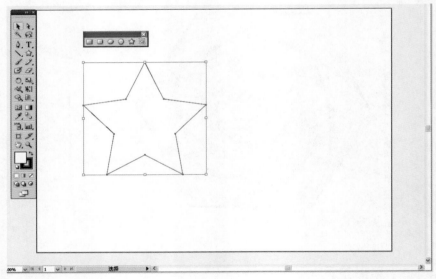

图 4—1—15

选取【星形工具】，点击鼠标左键，即可弹出【星形】对话框，如图 4—1—16 所示。对话框的【半径 1（1）】是指从星形中心到星形最内点的距离，【半径 2（2）】是指从星形中心到星形最外点的距离，【角点数】指星形的角点的数量。星形的形状是由两个半径的数值和角点的数值决定的。

图 4—1—16

4.1.6 光晕工具

【光晕工具】 可以绘制具有炫目的光感效果，多用于模拟镜头快门闪耀或阳光闪烁的效果。这种为画面添加光线的制作可以有效突出画面中心主体物，且操作简单，为设计师们节约了大量时间。具体操作如下：

单击工具箱的【矩形工具】按钮，用鼠标向右拖拽，可找到【光晕工具】按钮。点击【光晕工具】按钮，在画板中按住鼠标左键拖拽，即可绘制光晕，如图 4—1—17 所示。

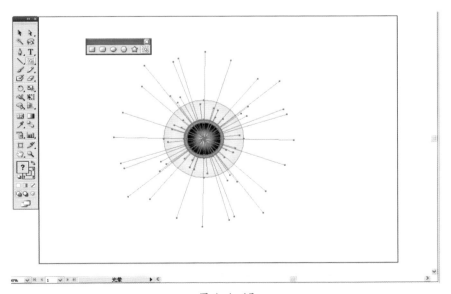

图 4—1—17

选取【光晕工具】，点击鼠标左键，即可弹出【光晕工具选项】对话框，如图 4-1-18 所示。【光晕工具选项】对话框相较之前的几种绘图工具复杂许多。

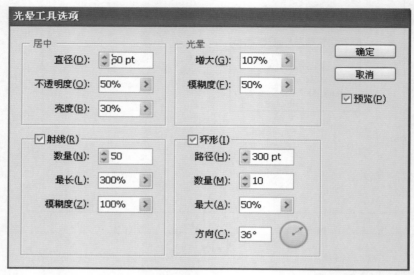

图 4-1-18

【居中】的选项均用来调整光晕中心的光环设置。其中，【直径】控制光环大小，【不透明度】控制光环的不透明度，【亮度】控制光环的亮度。

【光晕】的选项均用来设置光晕的外部光环部分。其中，【增大】控制光环放大比例，【模糊度】控制光环放大的变动程度。

【射线】的选项均用于调控光晕中射线的具体效果。其中，【数量】调控射线的数量，【最长】控制射线的最大长度，【模糊度】控制射线长度的变化范围。

【环形】的选项均用于调控光晕效果的各项数值。其中，【路径】控制光晕的中心至末端的距离，【数量】控制光晕中光环的数量，【最大】控制光晕中光环大小变化的范围，【方向】控制光晕的发射角度。

4.1.7　直线段工具

在绘图中，直线经常被用来绘制各种图形。工具箱中的【直线段工具】可以用来绘制直线。具体操作如下：

单击工具箱中的【直线段工具】按钮，在画板中按住鼠标左键拖拽，即可绘制矩形，如图 4-1-19 所示。

在绘制直线的同时，按住键盘的"Shift"键，可以绘制水平的直线，如图 4-1-20 所示。

图 4-1-19   图 4-1-20

如果想绘制精确数据的直线，选取【直线段工具】，点击鼠标左键，即可弹出【直线段工具选项】对话框，如图 4-1-21 所示。对话框中的【长度】指绘制直线的长度数值，【角度】指直线倾斜的角度。

在拖拽直线的同时，点击键盘上的 "~" 键，可以得到多条直线。如果在拖拽鼠标时有方向地转动，就可以绘制出具有旋转层次的直线组图形，如图 4-1-22 所示。

图 4-1-21   图 4-1-22

4.1.8　弧形工具

在绘图中，【弧形工具】 可以在画板中画出任意弧度的弧线或扇形。具体操作如下：

单击工具箱中的【直接段工具】按钮，用鼠标向右拖拽，可找到【弧形工具】按钮。点击【弧形工具】按钮，在画板中按住鼠标左键拖拽，即可绘制弧线，如图 4-1-23 所示。

在绘制弧线时，如果同时按住键盘的 "Shift" 键，可绘制四个固定角度的弧线，包括 45°、105°、225° 和 315°，如图 4-1-24 所示。

在拖动鼠标绘制弧线时，按住键盘上的 "C" 或 "F" 键，就可以得到扇形，所得的扇形为相反方向，如图 4-1-25。

图 4-1-23   图 4-1-24   图 4-1-25

【弧线段工具选项】对话框有两种形式。点击【弧形工具】，用鼠标左键在画板点击一下，即可弹出【弧线段工具选项】对话框，如图 4-1-26 所示。在工具箱的【弧形工具】按钮上点鼠标左键并双击，也可弹出【弧线段工具选项】对话框，如图 4-1-27 所示。这两个对话框的区别在于是否有 "预览图形"。

图 4-1-26

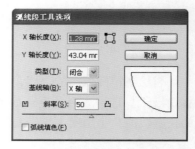

图 4-1-27

这两个对话框中的数据设置是一样的。其中,【X轴长度】决定弧线的长度;【Y轴长度】决定弧线的高度;【类型】决定弧线路径为开放还是闭合;【基线轴】决定弧线的方向;【斜率】决定弧线的斜率方向,斜率为0时是直线;【弧线填色】的复选框是以工具箱当前的填色方式为所画图形填色。

在拖拽弧线的同时,点击键盘上的"~"键,可以得到多条弧线组合成的图形。如果在拖拽鼠标时有方向地转动,就可以绘制出具有旋转层次的弧线组图形,如图4-1-28所示。如果在【弧线段工具选项】对话框的【类型】点击【闭合】,再执行以上操作,则可以得到多角度的闭合扇形组成的图形,如图4-1-29所示。

图 4-1-28

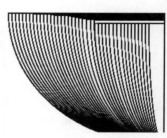

图 4-1-29

4.1.9 螺旋线工具

在绘图中,【螺旋线工具】 ◎ 可以在画板中画出任意弧度的螺旋线段。具体操作如下:

单击工具箱中的【直线段工具】按钮,用鼠标向右拖拽,可找到【螺旋线工具】按钮。点击【螺旋线工具】按钮,在画板中按住鼠标左键拖拽,即可绘制螺旋线段,如图4-1-30所示。

在绘制螺旋线段的同时,按住键盘的"Shift"键,可以限制螺旋线的绘制角度,如图4-1-31所示。

图 4-1-30

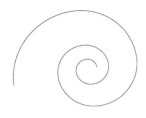

图 4-1-31

选取【螺旋线工具】，点击鼠标左键，即可弹出【螺旋线】对话框，如图 4-1-32 所示。通过修改【螺旋线】对话框中的数值，可以绘制精确的螺旋线段。对话框中的【半径】指从中心到螺旋线最外端的距离，【衰减】指从螺旋线的中心到最外端逐层减少的数值，【段数】指螺旋线由多少段线段组成，【样式】指定这些线段的方向。

在拖拽螺旋线的同时，点击键盘上的"~"键，可以得到多条螺旋线组合成的图形。如果鼠标在拖拽时有方向地转动，就可以绘制出具有旋转层次的螺旋线组合图形，如图 4-1-33 所示。

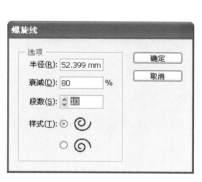

图 4-1-32

图 4-1-33

4.1.10 矩形网格工具

在绘图中，【矩形网格工具】 ⊞ 可以绘制各种形式的表格，其操作方法与【螺旋线工具】基本相同。具体操作如下：

单击工具箱中的【矩形网格工具】按钮，用鼠标向右拖拽，可找到【矩形网格工具】按钮。点击【矩形网格工具】按钮，在画板中按住鼠标左键拖拽，即可绘制网格，如图 4-1-34 所示。

在绘制网格的同时，按住键盘的"Shift"键，就可绘制正方形网格，如图 4-1-35 所示。

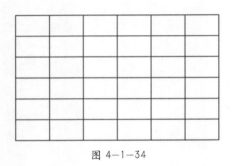

图 4-1-34

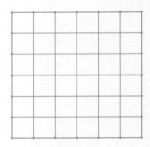

图 4-1-35

选取【矩形网格工具】，点击鼠标左键，即可弹出【矩形网格工具选项】对话框，如图 4-1-36 所示。对话框中，【默认大小】指整个网格的宽度和高度；【水平分隔线】可以设定网格上下之间出现的水平分隔线的数量；【倾斜】指水平分隔线从网格顶部或底部在水平位置上的左右倾斜度；【垂直分隔线】可以设定网格左右之间出现的垂直分隔线的数量；【倾斜】指垂直分隔线从网格左右在垂直位置上的上下倾斜度；【填色网格】是以工具箱中当前的填色方式填充网格。

在拖拽矩形网格的同时，点击键盘上的 "~" 键，可以得到多个矩形网格组合成的图形。如果鼠标在拖拽时有方向地转动，就可以绘制出具有立体感的矩形网格组合图形，如图 4-1-37 所示。

图 4-1-36

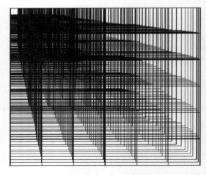

图 4-1-37

4.1.11　极坐标网格工具

【极坐标网格工具】 主要用于绘制极坐标网格，操作与【矩形网格工具】基本相同，如图 4-1-38 所示。【极坐标网格】对话框可以精确调节网格总体大小，网格分割数量、距离等。

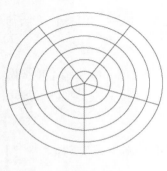

图 4-1-38

在绘制网格的同时，按住键盘的 "Shift" 键，可以绘制圆形极坐标网格。在拖拽网格的同时点击键盘上的 "~" 键，可以得到多个极坐标网格组合的图形。如果鼠标在拖拽时有方向地转动，就可以绘制出具有立体感的极坐标网格组合图形。

4.2 实例练习

下面用前面讲过的绘图工具绘制一个水晶小瓢虫，具体操作步骤如下：

步骤 1：打开 Illustrator CS4 中文版软件，点击【文件】→【新建】，如图 4-2-1 所示。弹出的对话框如图 4-2-2 所示。对话框中，【名称】设定为"水晶小瓢虫"，【大小】选"A4"，【取向】点击右侧的 ▣ 按钮，表示画板设置为横向。设置完成后，点击【确定】按钮，新文件就设置好了，如图 4-2-3 所示。

图 4-2-1   图 4-2-2

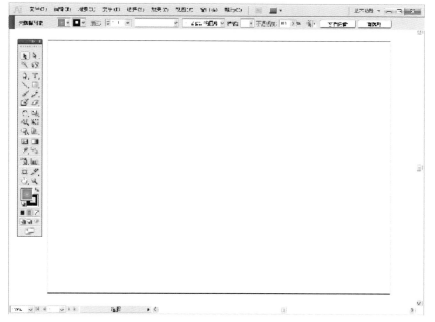

图 4-2-3

步骤 2：点击工具箱中的【椭圆工具】按钮，弹出【椭圆】对话框，设定【宽度】为 96 mm、【高度】为 114 mm，如图 4-2-4 所示。点击【确定】按钮后，画板中出现一个椭圆形，如图 4-2-5 所示。

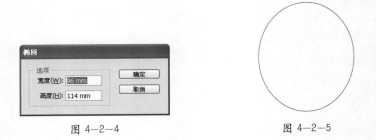

图 4-2-4　　　　　　　　　　　　　　　　图 4-2-5

步骤 3：使用【选择工具】选中椭圆形后，双击工具箱中的【渐变工具】，弹出【渐变】对话框，选择对话框中【类型】左侧的黑色下拉三角，点击【径向渐变】（如图 4-2-6 所示），椭圆形就被自动填充上默认的【径向渐变】效果，如图 4-2-7 所示。

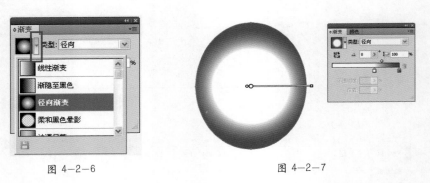

图 4-2-6　　　　　　　　　　　　　　　　图 4-2-7

步骤 4：继续设置【渐变】对话框中的数值，如图 4-2-8 所示。【角度】设为 -61.7，【长宽比】【不透明度】均设为 100，【位置】设为 0。对话框中，可以通过双击【渐变滑块】色条的任意位置而增加渐变滑块；减少渐变滑块则用鼠标点住将减去的渐变滑块，向下方拖拽即可。

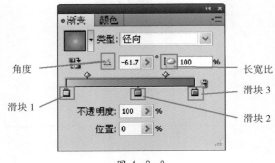

图 4-2-8

单击【滑块 1】按钮，将【渐变】对话框中的【位置】设为 0。双击【滑块 1】按钮，弹出其对话框，设置 RGB 值分别为 247、196、182。

单击【滑块 2】按钮，将【渐变】对话框中的【位置】设为 55 或 76。双击【滑块 2】按钮，弹出其对话框，设置 RGB 值分别为 235、97、0。

单击【滑块 3】按钮，将【渐变】对话框中的【位置】设为 100。双击【滑块 3】按钮，弹出其对话框，设置 RGB 值分别为 230、0、18。

以上设置均需保持椭圆形为选中状态，且点击【渐变工具】。完成以上步骤后，椭圆形就成为一个有立体感的橘红色圆球，如图 4-2-9 所示。

步骤 5：使用【选择工具】，点击画板内刚刚做好的椭圆形，同时按住键盘上的"Ctrl"+"Alt"键进行拖拽，即可进行复制。选取复制好的椭圆形，点击工具箱下部的【颜色】按钮，如图 4-2-10 所示，椭圆形变为黑色。如果颜色设置不是黑色，可以点击【窗口】→【颜色】，调出颜色面板，调整 RGB 值均为 0。此时椭圆形应该变为黑色，如图 4-2-11 所示。

图 4-2-9

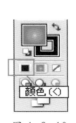
图 4-2-10

图 4-2-11

步骤 6：点击【矩形工具】，调出其对话框。设置一个宽 100 mm、高 93 mm 的矩形，如图 4-2-12 所示。选取矩形，双击工具箱中的【填色】图标，如图 4-2-13 所示。弹出【拾色器】对话框，用鼠标选择一种绿色，点击【确定】后，矩形变为绿色，如图 4-2-14 所示。

图 4-2-12

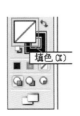
图 4-2-13

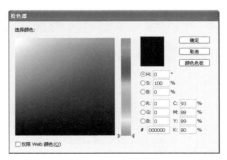
图 4-2-14

步骤 7：将黑色椭圆形和绿色矩形同时选中，点击【窗口】→【对齐】，在【对齐】对话框的【对齐对象】选项点击【水平居中对齐】按钮，如图 4-2-15 所示。将黑色椭圆形放置的位置比绿色矩形高一些，露出一部分，如图 4-2-16 所示。【对齐】对话框的具体功能将会在后面的章节中进行更为详细的介绍。

图 4-2-15　　　　　　　　　　　　　图 4-2-16

步骤 8：点击【窗口】→【路径查找器】，调出【路径查找器】对话框。选中绿色矩形和黑色椭圆形，点击【减去顶层】按钮，如图 4-2-17 所示。面板中的黑色椭圆形随即被修剪为半圆形，如图 4-2-18 所示。【路径查找器】将会在下一章进行详细的介绍。

图 4-2-17　　　　　　　　　　　　　图 4-2-18

步骤 9：同时选取黑色半圆形和之前绘制的橘红色的椭圆形，点击【对齐】中的【水平居中对齐】按钮和【垂直顶对齐】按钮，如图 4-2-19 所示。得到的对齐图形如图 4-2-20 所示。至此，小瓢虫的身体部分就做好了。

图 4-2-19　　　　　　　　　　　　　图 4-2-20

步骤 10：给小瓢虫加上斑点和翅膀线。

用【椭圆工具】随机画四个大小不一的黑色圆形，大小以不大于瓢虫身体为准，并将这几个斑点放在小瓢虫身体的橘红色部分，如图 4-2-21 所示。

绘制翅膀线。点击【直线段工具】，属性栏【描边】设为 1 pt，如图 4-2-22 所示。画一条不长于瓢虫身体的直线，放置在瓢虫身体的中心部分，如图 4-2-23 所示。

图 4-2-21   图 4-2-22   图 4-2-23

步骤 11：绘制瓢虫的触角部分。

选取【椭圆工具】，画一个宽和高均为 10 mm 的圆形。点击【渐变工具】，在其对话框中点击【径向渐变】，参见本节的步骤 3。点击【滑块 1】，设【位置】为 0。双击【滑块 1】按钮，在对话框中将 RGB 数值均设为 255。点击【滑块 2】，设【位置】为 100。双击【滑块 2】按钮，在对话框中将 RGB 数值均设为 0。这样就可以得到具有体积感的圆球，如图 4-2-24 所示。

点击【弧形工具】，属性栏【描边】设为 9 pt。设置【弧线段工具选项】对话框中的【X 轴长度】为 12、【Y 轴长度】为 15。绘制效果如图 4-2-25 所示。

图 4-2-24   图 4-2-25

步骤 12：将步骤 11 制作的球体和弧线在瓢虫身体一侧摆好位置，同时选中并点击【对象】→【编组】，如图 4-2-26 所示。选取编好组的触角，点击【对象】→【变换】→【对称】，在弹出的【镜像】对话框中点击【垂直】选项，并点击【复制】选项。之后可得到复制好的另一对触角，将其摆放在合适的位置即可，如图 4-2-27 所示。

图 4-2-26 图 4-2-27

　　完成上述步骤后，小瓢虫基本绘制好了。但是看起来，它的身体还是没有水晶的通透效果。下面就给它的身体加点光线感。

　　绘制一个宽 68 mm、高 57 mm 的白色椭圆形。选取白色椭圆形的同时双击【渐变工具】，在【渐变】对话框中点击【渐隐至黑色】按钮与【线性】选项，如图 4-2-28 所示。设置图 4-2-29 中【滑块 1】按钮的位置为 0，同时双击【滑块 1】，设置对话框中 RGB 值均为 255。设置完成后，得到一个半透明的椭圆形，将其摆放在小瓢虫身体的上半部分就可以了，如图 4-2-30 所示。现在，看看这只小瓢虫是不是像真正的水晶小瓢虫了。

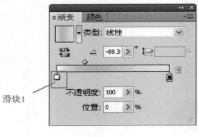

图 4-2-28 图 4-2-29 图 4-2-30

第 5 章　图形的绘制

5.1　路径和锚点

5.1.1　路径

在 Illustrator CS4 中，使用矢量绘图工具绘制图形的矢量曲线被称为贝塞尔曲线。由贝塞尔曲线创建的线条称为路径，如图 5-1-1 所示。

路径分为开放式路径和闭合式路径。开放式路径指路径的起点和终点不重合，比如各种线段，如图 5-1-2 所示。闭合式路径指路径的起点与终点已重合在一起，分不清起点与终点，比如圆形、矩形等，如图 5-1-3 所示。

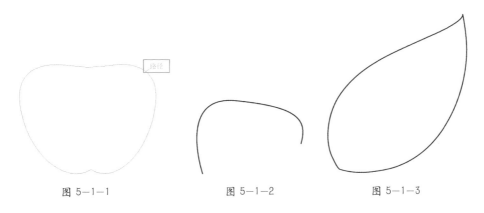

图 5-1-1　　　　　　　　图 5-1-2　　　　　　　　图 5-1-3

5.1.2　锚点

路径由一个或多个直线线段、点线段组合而成，线段的起点和终点的点状物被称为锚点，如图 5-1-4 所示。通过调整路径上的锚点可以改变路径的形状，从而改变图形的轮廓。也可以通过拖拽的方式移动锚点。锚点两侧的延长线被称为手柄，如图 5-1-5 所示。调整手柄的方向和长短可以改变两个锚点之间路径的方向和弯曲度。

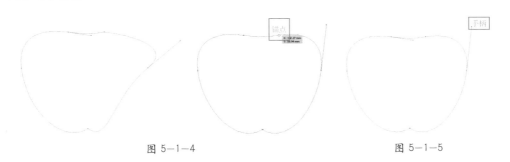

图 5-1-4　　　　　　　　　　　　图 5-1-5

5.2　铅笔工具

工具箱中的【铅笔工具】 ✎ 可以被读者用来徒手绘制图形。绘制出的图形可以是闭合或开放，绘制时的感觉就像使用真正的铅笔在纸上画图一样。【铅笔工具】多数被用来描绘素描效果或图形的外观草图。如果想画出像真正用铅笔画出的线条，建议读者用手绘板操作。很多动画角色设计或插图设计中曲线完美的矢量线条都采用手绘板代替鼠标操作，如图5-2-1所示。绘制出的路径可以根据需要调整。

图 5-2-1

图 5-2-2

【铅笔工具】 ✎ 的操作步骤：

单击工具箱中的【铅笔工具】按钮。在画板中按住鼠标左键拖拽，即可绘制非闭合的自由路径，如图5-2-2所示。如果想绘制闭合路径，需要在开始绘制时，按住键盘上的"Alt"键不放。当绘制的图形达到预期的大小与形状时，即可放开鼠标左键，绘制的路径将自动闭合。

选取【铅笔工具】，用鼠标左键双击该按钮，即可弹出【铅笔工具选项】对话框，如图5-2-3所示。对话框中的各项数值如下：

图 5-2-3

【保真度】：控制路径上各个锚点之间的距离精确度。其调整的单位为像素，调整范围为0.5~20像素。数值越大，锚点之间的距离就越长，相同线段之间的锚点也就越少，曲线越平滑；数值越小，锚点之间的距离越短，锚点越多，曲线转折越多。图5-2-4中线段的保真度为1，图5-2-5中线段的保真度为10，图5-2-6中线段的保真度为20。在平滑度相等的情况下，【保真度】的数值越大，绘制出来的曲线就越顺滑。

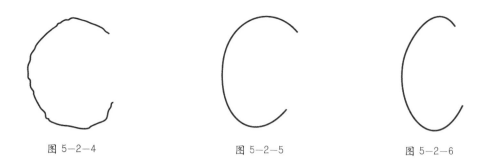

图 5-2-4　　　　　　　　　图 5-2-5　　　　　　　　　图 5-2-6

【平滑度】：控制【铅笔工具】绘制线段时的平滑量。其以百分比为单位，调控范围为 0 ~ 100%。数值越大，路径越平滑；反之，路径越粗糙。图 5-2-7、图 5-2-8 和图 5-2-9 为不同的【平滑度】数值绘制的路径效果。

图 5-2-7　　　　　　　　　图 5-2-8　　　　　　　　　图 5-2-9

【填充新铅笔描边】：选中后用【填色】对即将绘制的路径进行描边。对现有路径没有影响。

【保持选定】：指绘制完成的路径将一直保持被选中的状态。

【编辑所选路径】：指路径在被选中的状态下，可以用【铅笔工具】进行编辑和修改。

【范围】：设定鼠标与现有路径之间的距离数值，达到此数值才能使用【铅笔工具】进行编辑。此项必须与【编辑所选路径】同时选定才能使用。

5.3　平滑工具

【平滑工具】 可以以最快的速度令路径变平滑，尤其适用于改造原本粗糙或角度锐利的路径。具体操作如下：

点击工具箱中的【铅笔工具】按钮，用鼠标向右拖拽，可找到【平滑工具】按钮。在保持需调整的路径被选中的情况下，点击【平滑工具】，点击需要调整的路径的锚点，并在垂直方向上拖拽。图5-3-1中，路径的角度较为尖锐。图5-3-2为用【平滑工具】调整后的路径，角度明显变得平滑。

双击【平滑工具】按钮，会弹出【平滑工具选项】对话框，如图5-3-3所示。【平滑工具】的平滑度可以通过对话框中的数值进行调整。【平滑工具选项】对话框中的【保真度】和【平滑度】的设定方法相同，具体方法见上一节的相应部分。

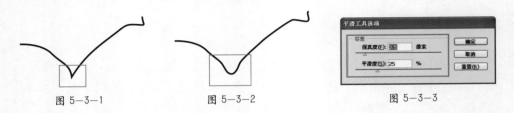

图 5-3-1　　　　　　　图 5-3-2　　　　　　　图 5-3-3

5.4　路径橡皮擦工具

【路径橡皮擦工具】🖊️用于擦除路径。无论是【铅笔工具】【钢笔工具】，还是其他绘图工具，绘制的矩形等路径都可以用【路径橡皮擦工具】进行擦除。这种擦除路径的方式较为快捷，但随意性较强，最适合创建、修整自由形状和基本形状。具体操作如下：

在使用【路径橡皮擦工具】前，必须有绘制好的路径，并处于选取的状态下，如图5-4-1所示。点击工具箱中的【铅笔工具】按钮，用鼠标向右拖拽，可找到【路径橡皮擦工具】按钮，然后点击【路径橡皮擦工具】，在需要修改的部分拖动鼠标。擦除后的效果如图5-4-2所示。

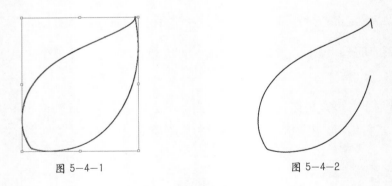

图 5-4-1　　　　　　　　　　　　　　图 5-4-2

5.5　钢笔工具组

【钢笔工具】组是功能非常多的路径绘制工具，常用于绘制精确路径或描画图形在绘制时，【钢笔工具】组还可以进行精确地控制和调整路径，它是绘图时必不可少的工具组。

在工具箱内点击【钢笔工具】🖊，可见其中包括四个工具，依次为：【钢笔工具】🖊、【添加锚点工具】🖊⁺、【删除锚点工具】🖊⁻和【转换锚点工具】⊾。

选取【钢笔工具】后，鼠标在画面内呈现 🖊，表示可以开始绘制新路径。用鼠标在画板内点击一下，作为起点锚点，然后每单击一下均会产生新锚点。锚点与锚点之间能自动生成路径，路径的方向和曲向可以通过控制锚点的手柄进行调整，如图 5–5–1 所示。闭合路径最后的锚点需与起点锚点重合，才能闭合路径。闭合路径可以填充颜色或图案，开放路径则只能进行描线而不能填色、渐变或填充图案。

当鼠标移到最近一次绘制的锚点时，图标显示 🖊，意味着再次点击锚点就可将锚点一侧的手柄减去，如图 5–5–2 所示。

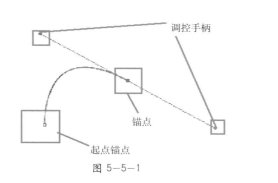

调控手柄

锚点

起点锚点

图 5–5–1

图 5–5–2

【添加锚点工具】和【删除锚点工具】分别可以增加、删减路径上的锚点。【转换锚点工具】将锚点的曲线手柄转换为直线路径。

路径的选取需用工具箱内的【直接选取工具】。在使用【钢笔工具】绘制路径的同时按住键盘的"Ctrl"键，可以调整已绘制的锚点的位置。

5.6　路径查找器

在绘制复杂图形时，可以采用【钢笔工具】进行绘制，也可以用图形之间相互修剪的方式。第二种方式可以更为快捷地绘制复杂图形。

点击【窗口】→【路径查找器】，弹出【路径查找器】面板，如图 5–6–1 所示。使用【路径查找器】时，必须有两个或两个以上的图形。【路径查找器】上包括【形状模式】

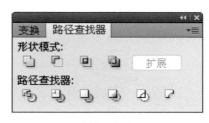

图 5–6–1

和【路径查找器】两组按钮。

5.6.1 【形状模式】选项组

【联集】 用于合并两个或两个以上的图形，产生一个新的复合图形。新图形的填充颜色和描边颜色以最上层对象为准，如图 5-6-2 和图 5-6-3 所示。

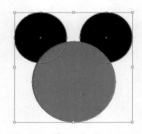 

图 5-6-2   图 5-6-3

【减去顶层】 ：在重叠的对象中，用顶层对象修剪底层图像。修剪后，只留下底层不与顶层图像重合的部分。生成的新图像保留原来底层图像的填色和描边效果，如图 5-6-4、图 5-6-5 所示。

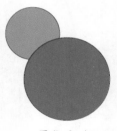 

图 5-6-4   图 5-6-5

【交集】 ：指两个重叠对象交集后，只留下重叠部分图形，其余部分图像均被删除。新图形的填充颜色和描边颜色以最上层对象为准，如图 5-6-6 和 5-6-7 所示。

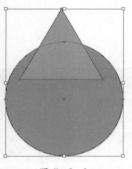 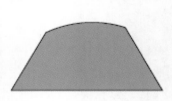

图 5-6-6   图 5-6-7

【差集】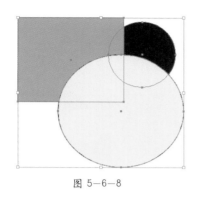：两个重叠图形执行差集后，重叠部分将变成透明区域，区域部分保留为一个图形。新图形的填充颜色和描边颜色以最上层对象为准，如图 5-6-8 和图 5-6-9 所示。

图 5-6-8   图 5-6-9

5.6.2 【路径查找器】选项组

【分割】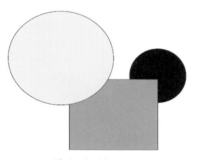：选择多个重叠图形，单击【分割】按钮，会把所选的重叠对象以相交线为界线分割成多个图形。这些分割好的图形都处于编组状态，点击【对象】→【取消编组】，就可以将多个图形拆分使用，如图 5-6-10 和图 5-6-11 所示。

图 5-6-10   图 5-6-11

【修边】：选择多个重叠图形，点击【修边】，上层图形保持完好，下层图形中与上层图形重叠部分将被删除。修边后所有图形的描边均变为无色，图形都处于编组状态，取消编组即可以单独编辑，如图 5-6-12 和图 5-6-13 所示。

图 5-6-12   图 5-6-13

【合并】 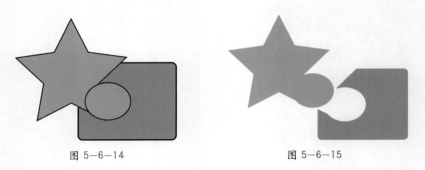 ：选择多个图形，点击【合并】，多个图形中颜色相同的部分将被合并为一个图形，且位于下层的图形将自动删除与上层图形重叠的部分。所得图形的描边均变为无色，图形都处于编组状态，取消编组即可以单独编辑，如图 5-6-14 和图 5-6-15 所示。

图 5-6-14   图 5-6-15

【裁剪】 ：选择多个图形，点击【裁剪】，上面的图形将成为容器对下面的图形进行修剪。容器内，两图形重叠的部分将被保留，其余部分均被删除。所得图形的描边均变为无色，图形都处于编组状态。取消编组即可以单独编辑，如图 5-6-16 和 5-6-17 所示。

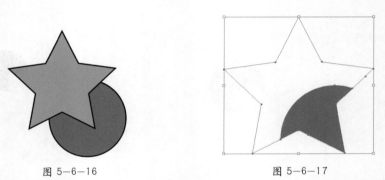

图 5-6-16   图 5-6-17

【轮廓】 ：选择多个图形，点击【轮廓】，所有图形将变成路径，重叠部分的轮廓相交部分将断开，成为多个独立线段路径。轮廓路径颜色与原图形填色相同。所得线段都处于编组状态，取消编组即可以单独编辑，如图 5-6-18 和图 5-6-19 所示。

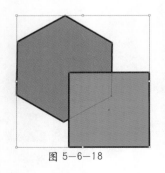

图 5-6-18

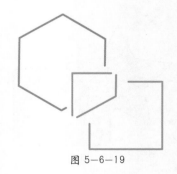

图 5-6-19

【减去后方对象】▢：选择多个图形，点击【减去后方对象】，最上层图形中与最下层图形重叠的部分将被删去，最上层的图形也被全部删去。最终效果如图 5-6-20 和 5-6-21 所示。

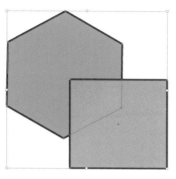
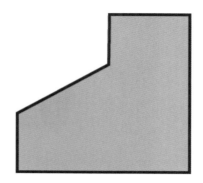

图 5-6-20   图 5-6-21

5.7 描摹图稿

将位图转换为可编辑的矢量图，可以节省设计师很多时间。Illustrator CS4 极大地加强了转换功能，令设计师操作极度简便、快捷。

实现转换的功能的命名就是"实时描摹"，具体操作如下：

新建一个空白文档，点击【文件】→【置入】在弹出的【置入】对话框中选择需要进行转换的位图，如图 5-7-1 所示，点击【确定】。文件置入后，在工作界面的菜单栏下方的属性栏中，点击【实时描摹】按钮，如图 5-7-2 所示，就可以将位图转换为矢量图进行编辑。点击【描摹】→【预设】→【照片高保真度】，再点击【扩展】，如图 5-7-3 所示，转换为矢量图的图形现在处于编组状态，取消编组即可对每块图形或颜色进行单独编辑，如图 5-7-4 所示。

图 5-7-1

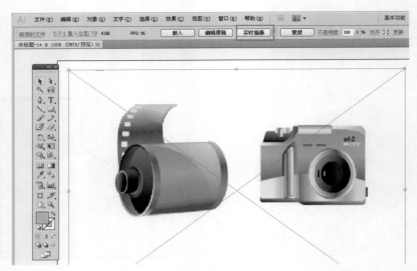

图 5-7-2

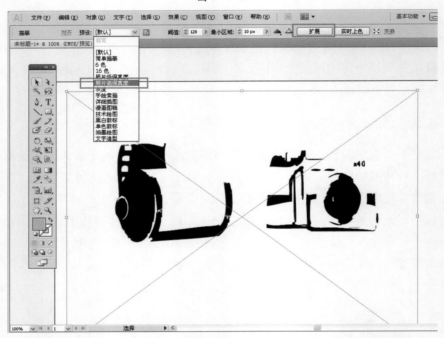

图 5-7-3

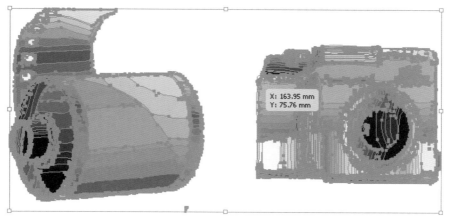

图 5-7-4

5.8 实例练习

绘制一辆校车。

具体操作步骤如下：

步骤 1：打开 Illustrator CS4 中文版软件，点击【文件】→【新建】，在弹出的对话框中，【名称】设定为"校车"，【大小】选"A4"，【取向】点击右侧的 ◙ 按钮，表示画板设置为横向。设置完成，点击【确定】按钮，新文件就设置好了，如图 5-8-1 所示。用鼠标点击标尺原点，并拖拽至画板左上顶点处。当鼠标出现绿色的【交叉】字样，如图 5-8-2 所示，松开鼠标左键。点击菜单的【窗口】→【信息】，弹出【信息】对话框，将【信息】对话框置于屏幕右侧。

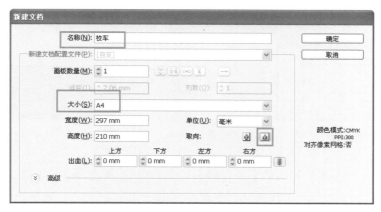

图 5-8-1

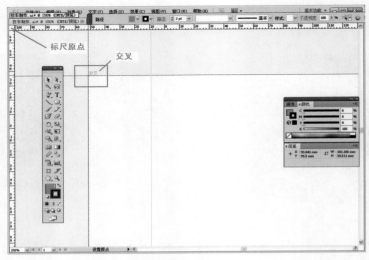

图 5-8-2

步骤 2：点击工具箱中的【圆角矩形工具】，弹出【圆角矩形】对话框。设置宽度、高度、圆角半径分别为 103 mm、40 mm、5 mm，点击【确定】，如图 5-8-3 所示。选取画出的圆角矩形，双击工具箱的【填色】，如图 5-8-4 所示。在弹出的【拾色器】设置 RGB 值为 255、0、0，点击【确定】。双击工具箱的【描边】，如图 5-8-4 所示。在【拾色器】对话框中设置 RGB 值为 0、0、0，点击【确定】。此时，圆角矩形内部为大红色，轮廓线为黑色，如图 5-8-5 所示。

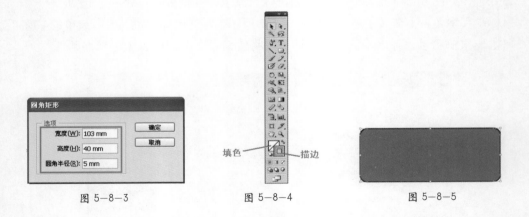

图 5-8-3   图 5-8-4   图 5-8-5

步骤 3：点击工具箱内的【多边形工具】，弹出【多边形】对话框，设置半径、边数分别为 5 mm、3，出现一个三角形。选取三角形，双击工具箱的【填色】，在弹出的【拾色器】对话框中，设置 RGB 值为 0、255、0。选取三角形，点击鼠标右键，在弹出的面板中选【变换】→【旋转】，设置角度值为 45，点击【确定】。三角形的效果如图 5-8-6 所示。

步骤 4：将三角形与圆角矩形的颜色区分开，目的是在造型修剪时便于识别。将三角形放置在圆角矩形的左上角顶点位置，如图 5-8-7 所示。选取两个图形，点击【窗口】→【路径查找器】，弹出【路径查找器】对话框，点击【减去顶层】按钮，如图 5-8-8 所示。效果如图 5-8-9 所示。

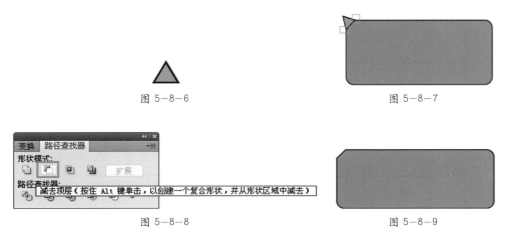

图 5-8-6

图 5-8-7

图 5-8-8

图 5-8-9

步骤 5：将图 5-8-9 中的图形进行复制。将两个圆角矩形选中，点击菜单【窗口】→【对齐】，在对话框中点击【水平居中对齐】和【垂直顶对齐】。用鼠标点击空白面板，再点击红色圆角矩形，就可以选中上面的那个图形。点击工具箱内【填色】，将其填充为白色。点击鼠标右键，在弹出的菜单中选择【变换】→【缩放】，点击【不等比】，设置水平、垂直值分别为 90、30，得到的效果如图 5-8-10 所示。

步骤 6：用【直线段工具】画一条高为 12 mm、角度为 90°的直线线段。描边的 RGB 值设为 0、0、0，如图 5-8-11 所示。将直线线段与 5-8-10 图中的白色矩形对齐，点击【窗口】→【对齐】→【垂直顶对齐】按钮，如图 5-8-12 所示。继续选取这条直线，点击【对象】→【变换】→【移动】，在弹出的【移动】对话框设置水平、垂直、距离、角度值分别为 15 mm、0、15 mm、0，如图 5-8-13 所示。点击【复制】按钮，选取复制出来的黑色线段，再执行三次【对象】→【变换】→【再次变换】，所得图形如图 5-8-14 所示。至此，双层校车的上层车窗就做好了。

步骤 7：根据步骤 6 的方法，将校车的下层车窗和车的前后大门画好，效果如图 5-8-15 所示。

图 5-8-10

图 5-8-11

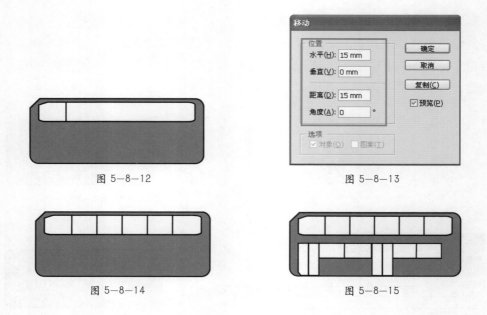

图 5-8-12

图 5-8-13

图 5-8-14

图 5-8-15

步骤 8：选取【椭圆工具】，画四个圆形。数据如下：

圆形 1：【宽度】【高度】均为 13 mm，【填色】的 RGB 值为 0、0、0，【描边】的 RGB 值为 0、0、0。

圆形 2：【宽度】【高度】均为 8 mm，【填色】的 RGB 值为 100、100、100，【描边】的 RGB 值为 0、0、0。

圆形 3：【宽度】【高度】均为 5 mm，【填色】的 RGB 值为 160、160、160，【描边】的 RGB 值为 0、0、0。

圆形 4：【宽度】【高度】均为 2 mm，【填色】的 RGB 值为 230、230、230，【描边】的 RGB 值为 0、0、0。

步骤 9：选中四个圆形，点击【对齐】对话框中的【垂直居中对齐】和【水平居中对齐】，如图 5-8-16 所示。进行编组，再复制这样的一组圆形，两个车轮就做好了。将其摆放到车体的相应位置，如图 5-8-17 所示。

图 5-8-16

图 5-8-17

步骤 10：利用【矩形工具】画些线条装饰一下车身。用【文字工具】写入英文就可以了。

校车制作完成的最终效果如图 5-8-18 所示。最后将周边的环境装饰一下，效果如图 5-8-19 所示。

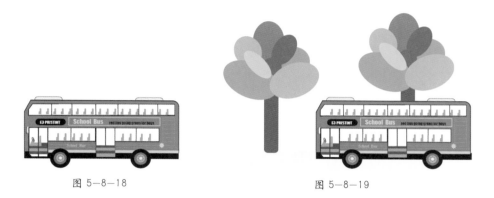

图 5-8-18   图 5-8-19

第 6 章　颜色与图案绘制

6.1　色　彩

Illustrator CS4 可以在很多面板、工具中设置颜色。颜色的选择可以根据不同的设计内容、设计要求，如可以使用【吸管工具】吸取一些其他图稿中的颜色，在【拾色器】中选取并输入准确的颜色值。

在默认情况下，绘制的图形对象是由白色填色与黑色描边组合而成。而工具箱下方左侧为【填色】选项，右侧为【描边】选项，并且前者在后者上方，处于启用状态，如图 6-1-1 所示。单击右上角的双箭头 ↰，可切换填充色或描边色；单击左下角的小黑图标 ◨，可以将填充色和描边色切换为白色和黑色。单击□或 ▣ 按钮可以设置为当前编辑状态，单击 ◪ 按钮去掉编辑状态。工具栏左下角的 □ 和 ▪ 分别表示单色和渐变。

图 6-1-1

6.2　基本上色

对于绘制矢量图形的 Illustrator 软件来说，通过绘图工具直接得到的为图形对象。图形对象是由填色或者描边显示的，所以填色与描边对于矢量图形来说非常重要。

6.2.1　【拾色器】

双击【填色】选项，弹出【拾色器】对话框。使用【拾色器】可以从色谱中选取颜色，或者通过数字形式定义来选取颜色，如图 6-2-1 所示。【拾色器】对话框中的选项及作用如图 6-2-2 和表 6-1 所示。

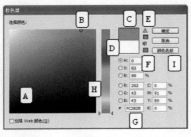

图 6-2-1

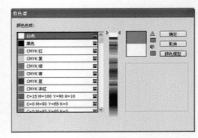

图 6-2-2

表 6-1

字母	选项	作用
A	色彩区域	在该区域中显示颜色范围
B	选取点	在该区域中单击得到的选取点即是要设置的颜色
C	当前选取的颜色	显示当前确定的颜色
D	上次选取的颜色	显示上次选定的颜色
E	溢色警告	当选取的颜色不是印刷颜色时即可显示该图标，单击该图标，可使颜色转换为最为接近该颜色的印刷色
F	Web 颜色警告	当选取的颜色不是网页颜色时即可显示该图标，单击该图标可使颜色转换为最为接近该颜色的网页安全颜色
G	颜色十六进制	颜色的十六进制显示
H	色谱条	单击色谱条可以改变色彩区域中的颜色范围
I	颜色色板	单击该按钮，对话框切换到印刷色

通常来说，选择颜色最简单的方法是在【拾色器】对话框中单击竖直渐变条，选择制作者想要的基本颜色，然后在左边的色彩区域中单击并拖动鼠标来选择颜色，如图 6-2-3 所示。

在【拾色器】对话框中，启用左下角的【仅限 Web 颜色】复选框，然后在【拾色器】对话框中选取任何颜色，都是 Web 安全颜色，如图 6-2-4 所示。

当绘制的图形对象被选中时，双击【填色】选项，打开【拾色器】对话框，并选取颜色。单击【确定】按钮，即可改变图形对象的填充颜色，如图 6-2-5 所示。

要想改变图形对象的描边颜色，首先在工具箱下方单击【描边】选项，使其显示在【填色】选项上方并被启用；然后双击【描边】选项，弹出相同的【拾色器】对话框，使用上述方法选取颜色，改变描边的颜色，如图 6-2-6 所示。

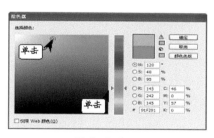

图 6-2-3

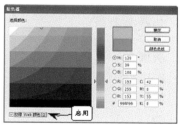

图 6-2-4

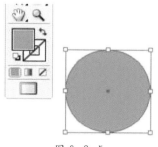

图 6-2-5

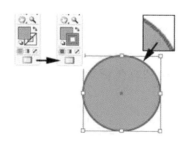

图 6-2-6

提示：当画板中存在图形对象，并且选中该对象时，工具箱中的【填色】与

【描边】显示的是该图形对象的颜色属性，这时如果按键盘上的【D】键，将工具箱中的【填色】和【描边】恢复为默认颜色，那么被选中的图形对象的填充颜色与描边颜色会同时被修改。

6.2.2 【颜色】面板

使用【颜色】面板不仅可以将颜色应用于选取对象的填充色和描边色，还可以编辑和混合颜色，该面板可以利用【窗口】→【颜色】命令打开，如图 6-2-7 所示。

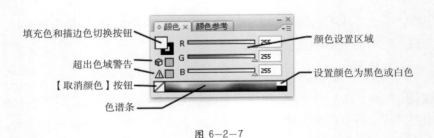

图 6-2-7

单击切换按钮，就可以将填充色或描边色改为可编辑状态，拖动颜色设置区域滑块，就可以产生新的颜色数值，左下角为【取消颜色】按钮，下面的色谱条可以任意点选颜色，右下角的按钮可以设置颜色为白色或黑色。

点击【颜色】面板右上角的小三角，弹出【颜色】面板菜单，如图 6-2-8 所示。

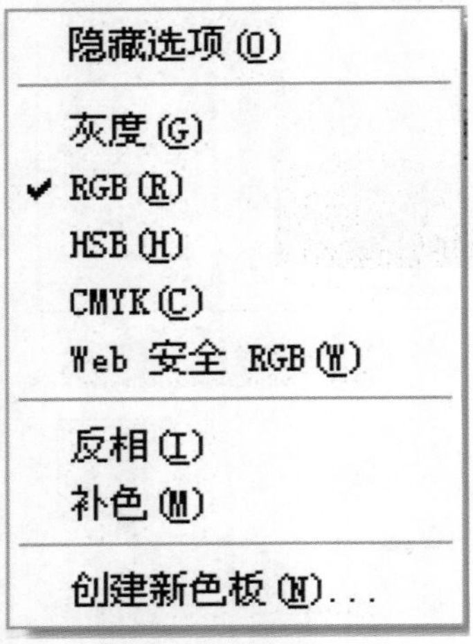

隐藏选项 (O)

灰度 (G)
✔ RGB (R)
HSB (H)
CMYK (C)
Web 安全 RGB (W)

反相 (I)
补色 (M)

创建新色板 (N)...

图 6-2-8

【颜色】菜单里面有 5 种不同的颜色模式：灰度、RGB、HSB、CMYK、Web 安全 RGB。当所选的颜色模式面板中出现黄色小三角，这表示当前所选颜色是 CMYK 之外的颜色，只是一种被称为"溢色"的现象。点击黄色小三角即会找到与 CMYK 相近的颜色来替换该溢色。如果出现 Web 溢色时的图标，表示当前颜色超出 Web 颜色范围，不能在网上正常显示，需要点击右侧色块，换成系统给出的最为接近 Web 安全颜色。

6.3　填充图案

在给画面使用颜色的时候，有时就需要使用【色板】面板。【色板】面板主要强调不仅可以使用某种颜色，还可以进行颜色的编辑和管理，其中包含了印刷色、专色、渐变色和图案四种颜色。

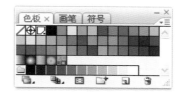

图 6-3-1

该面板可以利用【窗口】→【色板】命令打开，如图 6-3-1 所示。

【色板】面板里面的颜色全部是软件设置好的颜色，当鼠标移动到某一颜色上时，就会自动弹出该颜色的颜色值。单击【色板】面板左下角的【"色板库"菜单】按钮，可显示全部的颜色面板；单击显示【"色板类型"菜单】按钮，可显示印刷色和专色；单击【色板选项】按钮，可打开色板选项；点击【新建颜色组】按钮，可以新建颜色组；点击【新建色板】按钮，可以新建和复制色板；点击【删除色板】按钮，可以删除当前色。应用不同颜色方式的效果如图 6-3-2、图 6-3-3 所示。

单色　　　渐变　　　图案

图 6-3-2　　　　　　　　　　　图 6-3-3

点击【色板】面板右上角的小三角，会出现【色板】面板菜单，如图 6-3-4 所示，在【色板】面板菜单中可以进行色板的管理、排序、选择显示方式及色板库的管理等操作。

色板管理：可以将选中设置好的颜色，利用该面板菜单选项进行新建色板、新建颜色组、复制色板、合并色板、删除色板和取消颜色组编组等操作。

选择所有未使用的色板：删除当前未使用过的色板，可减少文件大小。

添加使用的颜色：可以再次添加使用过的颜色。

更改色板顺序：可以从【色板】面板菜单中选择一个排序选项，按名称或按类型排序。

更改色板显示方式：可以从【色板】面板菜单中选择一个视图选项，包括小缩览视图、中缩览视图、大缩览视图、小列表视图、大列表视图，如图 6-3-5 所示。

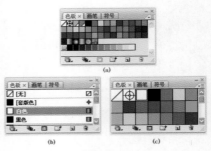

图 6-3-4　　　　　　　　　　　　　　　　　图 6-3-5

色板显示状态：在【色板】面板菜单中，不同颜色有不同的显示标记。▨为无色，用于取消已设置颜色；◉为套版色，是 C、M、Y、K 四色都为 100%的一种颜色，用于印刷套版；▨为全局色，是可以自动更新的颜色，如果修改该颜色，则所有使用该颜色的对象都将自动改变。

图 6-3-6

色板选项：双击一个颜色或选择颜色后再点击【色板】面板菜单中的【色板选项】，可弹出【色板选项】对话框，在该对话框中可以设置色板名称、颜色类型和颜色模式等，如图 6-3-6 所示，勾选【全局色】复选框，可将当前色设置为全局色。

色板库管理：Illustrator CS4 为使用者提供了很多色板库，如大地色调、科学、自然等，可自由打开使用。此外，设置好经常使用的颜色后，可以保存为自定义的色板库，需要时可重新打开。

6.4　描　　边

利用【描边】面板可以设置所选图形边缘的宽度和线型。该面板可以在【窗口】→【描边】命令中打开，如图 6-4-1 所示。

粗细：可以用来改变图形描边的宽度，即线的粗细。单击其后面的双向三角按钮可进行微调，单击文本框后面的小三角按钮，可在打开的列表中选择指定的描边宽度，或者可以在文本框中直接输入任意描边宽度值，如图 6-4-2 所示。

图 6-4-1

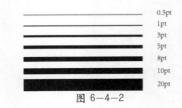

图 6-4-2

描边端点选项：表示描边的 3 种不同端点，分别为平头端点、圆头端点和方头端点，不同的端点显示不同的状态，如图 6-4-3 所示。

斜接限制：用来控制斜接的角度，当拐角很小时，斜接连接选项会自动变成斜角连接。

拐角连接选项：表示 3 种不同的拐角连接状态，分别为斜接连接、圆角连接和斜角连接。不同的连接状态得到不同的连接结果，如图 6-4-4 所示。

图 6-4-3   图 6-4-4

对齐描边选项：表示 3 种不同的控制路径上描边位置的方式，分别为使描边居中对齐、使描边内侧对齐和使描边外侧对齐，不同的对齐方式得到不同的效果，如图 6-4-5 所示。

虚线：单击【虚线】复选框后，其下面的 6 个文本框被激活，可以输入相应的数值。其中，【虚线】表示虚线线段的长短，【间隙】表示虚线线段之间的空隙。输入的数值不同，得到的虚线效果也不同，再配合不同线的粗细及端点的形状，将会产生不同的虚线效果，如图 6-4-6 所示。

居中对齐   内侧对齐   外侧对齐

图 6-4-5   图 6-4-6

提示：描边可以应用图案，但不能直接应用渐变色。

6.5 实例练习

本节要求：利用【色板】与【颜色】面板功能绘制一个卡通风格的男孩，如图 6-5-1 所示。

制作步骤如下：

步骤 1：在 Illustrator CS4 中，单击【文件】→【新建】，创建一个图形文件。

步骤 2：点击【铅笔工具】，开始勾勒男孩的头发（【填充】【描边】两项均为无色），头发颜色选择 C=47、M=64、Y=100、K=6；然后将脸部勾勒出来，颜色为 C=5、M=15、Y=18、K=0，如图 6-5-2 所示。

图 6-5-1   图 6-5-2

步骤 3：在男孩的脸部用【铅笔工具】勾勒五官，眼睛使用工具栏的【椭圆工具】绘制，眼睛颜色值设为 C=65、M=67、Y=100、K=36, 眉毛颜色与头发一样，嘴的内部的颜色值设为 C=49、M=95、Y=91、K=25。脸部的红晕绘制使用【渐变】面板绘制，在【渐变】面板里选择两个颜色，其中红晕外侧颜色是和脸部的颜色一样，红晕中心的色值为 C=26、M=57、Y=62、K=0, 如图 6-5-3 所示。

步骤 4：继续使用【铅笔工具】画出男孩身体的其他部位。其中，胳膊的颜色值为 C=77、M=29、Y=4、K=0, 衣服和鞋的颜色值为 C=53、M=2、Y=5、K=0, 手的颜色数值和脸部相同，如图 6-5-4 所示。

图 6-5-3   图 6-5-4

步骤 5：使用工具栏的【矩形工具】拖曳出一个矩形，作为背景的天空，渐变颜色中的右侧的滑块的颜色值设为 C=92、M=75、Y=0、K=0, 另一个滑块的颜色值设为 C=46、M=5、Y=3、K=0, 如图 6-5-5 所示。

步骤 6：使用工具栏的【铅笔工具】勾勒出远处绿树丛的轮廓，填充渐变色。其中，树丛渐变的一个滑块的颜色值设为 C=72、M=4、Y=90、K=0, 另一个滑块的颜色值为 C=24、M=5、Y=88、K=0, 如图 6-5-6 所示。

图 6-5-5   图 6-5-6

步骤7：在男孩的脚下使用【铅笔工具】简单地绘制出浅灰色的地面，其渐变色值设为 K=30 到白色，然后再使用【铅笔工具】绘制出几块褐色石材地面，其中，渐变色值左侧【滑块1】的颜色值为 C=25、M=32、Y=48、K=0，中间的【滑块2】的颜色为 C=21、M=25、Y=38、K=0，右侧的【滑块3】的颜色值为 C=50、M=58、Y=84、K=4，如图 6-5-7 所示。

步骤8：绘制出男孩手中的气球和牵绳，气球使用的是径向渐变，其中，左侧的滑块颜色为 C=5、M=15、Y=18、K=0，右侧的滑块颜色值为 C=9、M=87、Y=65、K=0；牵绳的颜色和衣服相同，如图 6-5-8 所示。

图 6-5-7　　　　　　　　　　　　　　图 6-5-8

步骤9：最后，从【色板】面板左下角【"色板库"菜单】中，点选【图案】→【自然】→【自然_叶子】，如图 6-5-9 所示，将其中的【花藤颜色】拖曳到画面左下角的地面上，并调整好方向和大小，完成绘制，效果如图 6-5-10 所示。

图 6-5-9　　　　　　　　　　　　　　图 6-5-10

第 7 章　画笔工具和符号工具的使用

7.1　画笔工具

图 7-1-1

画笔可以为路径添加不同风格的外观，也可以将画笔描边应用于现有的路径，还可以使用【画笔工具】在绘制路径的同时应用画笔描边。

工具箱中的【画笔工具】可以在绘制线条时对路径应用画笔描边，创建出各种艺术线条和图案。

双击工具箱中的【画笔工具】，会弹出【画笔工具首选项】对话框，如图 7-1-1 所示。

【画笔工具首选项】对话框中各选项的含义如下：

【保真度】表示必须将鼠标或光标移动多大距离，才会向路径添加新锚点。例如，当【保真度】值为 4 时，表示小于 4 像素的工具移动将不生成锚点，保真度的范围表示介于 0.5 ~ 20 像素之间；值越大，路径越平滑，复杂程度越小。

【平滑度】：表示控制使用工具时应用的平滑量，平滑度的范围为 0% ~ 100%；百分比越高，路径越平滑。

【填充新画笔描边】将填色应用于路径，该复选框在绘制封闭路径时最有用。

【保持选定】在绘制路径之后是否继续让【画笔工具】保持路径的选中状态。

【编辑所选路径】是否可以使用【画笔工具】更改现有路径。

【范围】确定光标与现有路径相距多大距离之内，才能使用【画笔工具】来编辑路径，此选项仅在选中了【编辑所选路径】复选框时可用。

单击工具箱中的【画笔工具】，拖曳即可绘制线条，如果要封闭路径，可在绘制的过程中按住键盘的"Alt"键，然后在绘制过程中释放鼠标与按键即可。

技巧：使用【画笔工具】绘制的线条是路径，因此，可以使用锚点的编辑工具对其进行编辑和修改。

7.2 【画笔】面板

点击【窗口】→【画笔】，打开【画笔】面板，如图 7-2-1 所示。

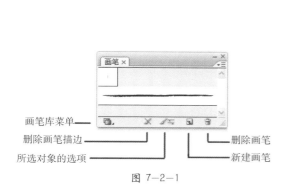

图 7-2-1

图 7-2-2

单击【画笔】面板右上角的黑色小三角，可打开【画笔】面板的菜单，如图 7-2-2 所示。通过该菜单的相关命令，不仅可以对画笔进行创建和编辑操作，而且在【画笔库菜单】中提供了各类非常丰富的画笔样式，使得用画笔绘制图形更加方便、快捷。

Illustrator 中有 4 种类型的画笔，【书法画笔】可创建书法效果的描边；【散点画笔】可以将一个对象（如一只蝴蝶）沿着路径分布；【艺术画笔】能够沿着路径的长度均匀拉伸画笔的形状或对象的形状，可以模拟水彩、毛笔、炭笔的效果；【图案画笔】可以使图案沿着路径重复拼贴，如图 7-2-3 所示。

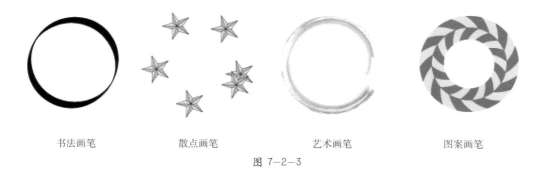

书法画笔   散点画笔   艺术画笔   图案画笔

图 7-2-3

技巧：在对所选图形应用画笔库中的画笔时，该画笔会自动添加到【画笔】面板中。

【显示散点画笔】：根据所绘制的路径曲线，分布事先选定好的画笔形状。

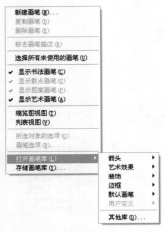

图 7-2-4

【显示书法画笔】：根据所绘制的路径曲线，创建具有书法效果的曲线。

【显示图案画笔】：绘制由图案组成的路径，该图案将在路径上不断重复。

【显示艺术画笔】：根据所绘制的路径曲线，展开所选画笔。

点击【画笔】面板右上角的黑色小三角，弹出的菜单如图 7-2-4。【打开画笔库】里面有【箭头】【艺术效果】【装饰】【边框】等选项，选用不同的画笔会绘制出不同的画笔效果。

7.3　【符号】面板

符号是在文档中可重复使用的图形对象，如果以鲜花创建符号，可将该符号的实例多次添加到图稿中，而无须实际多次添加复杂图稿，每个符号实例都链接到【符号】面板中的符号库，使用符号可节省制作者的时间并显著减小文件的大小。

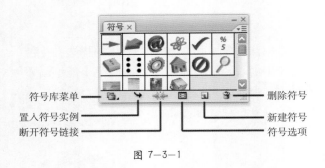

图 7-3-1

7.3.1　【符号】面板

点击【窗口】→【符号】，打开【符号】面板，如图 7-3-1 所示。

7.3.2　创建与删除符号

【置入符号实例】选择面板中的一个符号后，单击面板下面的【置入符号实例】按钮，可在文档窗口中创建该符号的一个实例。

【断开符号链接】选择文档窗口中的符号实例后，单击面板下面的【断开符号链接】按钮，可断开符号实例与面板中符号样本的链接，该符号实例将成为可单独编辑的对象。

【符号选项】选择要创建为符号的对象，单击【符号选项】按钮，打开【符号选项】对话框，输入符号名称，单击【确定】按钮，可将其创建为一个符号，如图 7-3-2 所示。

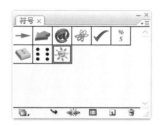

图 7-3-2

【删除符号】选择面板中的符号样本，单击【删除符号】按钮可将其删除。

注意：Illustrator 中的图形、复合路径、文本、位图图像、网格对象及包含以上对象的编组对象都可以创建为符号。

7.3.3　修改和重新定义符号

Illustrator 可以通过更改符号的图稿来编辑符号，也可以用新图稿替换符号来重新定义此符号。修改和重新定义符号会更改此符号在【符号】面板中的外观及画板上此符号的所有实例。

Illustrator 提供了 8 种符号工具，可以用来创建和编辑符号，如图 7-3-3 所示。

在【符号】面板中选择一个符号样本，选择工具箱中的【符号喷枪工具】，单击即可创建同一个符号实例，单击同一个位置，则符号将以单击点为中心向外扩散；单击并拖曳鼠标，符号会沿鼠标指针的运行轨迹分布，如图 7-3-4 所示。

图 7-3-3　　　　　　　　　　　　图 7-3-4

选择符号组后，使用【选择工具】在符号上拖曳，可移动符号的位置，如图 7-3-5 所示。

图 7-3-5

经验：在使用【符号移位器工具】时，如果按住键盘的"Shift"键拖曳，则可以将当前符号调整到其他符号的上面，按住"Shift"＋"Alt"键拖曳，可将当前符号调整到其他符号的下面。

选择符号组后，使用【符号紧缩器工具】在符号组上单击或拖曳，可以聚拢符号，如图 7-3-6 所示。

图 7-3-6

选择符号组后，使用【符号缩放器工具】在符号上单击，可以放大符号；按住键盘的【Alt】键单击，可缩小符号，如图 7-3-7 所示。

图 7-3-7

选择符号组后，使用【符号旋转器工具】在符号上单击或拖曳，可以旋转符号。在旋转时，符号上会显示带有箭头的方向标志，通过箭头可以观察符号的旋转方向和旋转角度，如图 7-3-8 所示。

图 7-3-8

在【色板】或【颜色】面板中选择一种填充颜色，然后选择符号组，使用【符号着色器工具】在符号上单击，可对符号进行着色；连续单击，可增加颜色的深度，如图 7-3-9 所示。若要还原符号的颜色，按住键盘的"Alt"键在符号上单击即可。

图 7-3-9

选择符号组后，使用【符号滤色器工具】在符号上单击，可以使符号呈现透明效果，如图 7-3-10 所示。按住键盘的"Alt"键单击，可还原符号的不透明度。

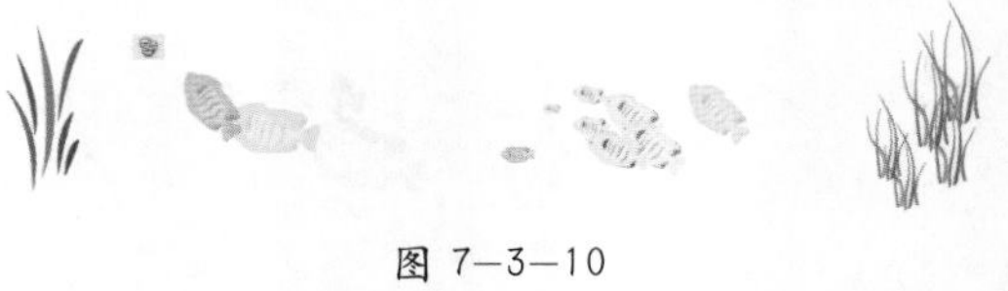

图 7-3-10

点击【窗口】→【图形样式】，在【图形样式】面板中选择一种样式，如图 7-3-11 所示。选择符号组，使用【符号样式器工具】在符号上单击，可以将所选样式应用到符号中，如图 7-3-11 所示。按住键盘的"Alt"键单击可将样式从符号中清除。

图 7-3-11

7.3.4 置入符号

点击【符号】面板或符号库中的符号，单击【符号】面板中的【置入符号实例】按钮 ↘，将实例置入画板的中心位置。

7.3.5 创建符号库

将符号库中所需的符号添加到【符号】面板，并可以删除任何不需要的符号。若要选择文档中所有未使用的符号，可以从【符号】面板的菜单中点击【选择所有未使用的符号】，并进行删除。

从【符号】面板的菜单中点击【存储符号库】（如图 7-3-12 所示），将新的符号库存储到默认的【符号】文件夹中（如图 7-3-13 所示），库的名称将自动显示在【符号库】子菜单和【打开符号库】子菜单中，如图 7-3-14 所示。

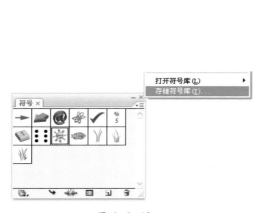

图 7-3-12

图 7-3-13

图 7-3-14

7.4 实例练习

7.4.1 绘制卡通角色

本小节要利用【画笔工具】绘制简单的"Kitty 猫"图画，效果如图 7-4-1 所示。

图 7-4-1

制作步骤如下：

步骤 1：在 Illustrator CS4 中，点击【文件】→【新建】，创建一个图形文件。

步骤 2：点击【矩形工具】，在页面上创建一个宽度为 150 mm、高度为 100 mm 的矩形，并将其填充颜色设置为 C=0、M=20、Y=15、K=0，然后点击【对象】→【锁定】→【所选对象】，将创建的矩形位置锁定。

步骤 3：单击【画笔】面板底部的【新建画笔】按钮，在弹出的【新建画笔】对话框中点击【新建书法画笔】选项，打开的【书法画笔选项】对话框如图 7-4-2 所示，将其命名为"轮廓"，对各选项参数进行设置，参数设置完成后，单击【确定】按钮。

步骤 4：点击【画笔工具】，并在【画笔】面板中选择步骤 3 中创建好的画笔"轮廓"，绘制 Kitty 猫的轮廓，如图 7-4-3 所示，但不要画眼睛，并保证绘制的各部分图形填充为无色，描边色为黑色。

图 7-4-2

图 7-4-3

步骤 5：仿照步骤 3 再创建一个书法画笔，将其命名为"眼睛"，只将【直径】选项的参数设为 3 pt 即可，其他参数不变，参数设置完后单击【确定】按钮。

步骤 6：点击【画笔工具】，利用步骤 5 创建的画笔"眼睛"，绘制 Kitty 猫和小海豚的眼睛、Kitty 猫的蝴蝶结，最后将 Kitty 猫和小海豚分别编组。

步骤 7：继续使用【画笔工具】，再创建一个画笔，将其命名为 "文字"，采用步骤 3 的参数，只将【直径】选项的参数改为 7 pt 即可，绘制如图 7-4-4 所示的图形文字，字母的颜色可自行设定，绘制完成后将图形文字编组。

步骤 8：点击【铅笔工具】，在页面上画一个红色心形，填充色设置为 C=0、M=38、Y=34、K=0。保持心形处于被选中状态，单击【画笔】面板底部的【新建画笔】按钮，在弹出的【新建画笔】对话框中点击【新建散点画笔】选项，在打开的【散点画笔选项】对话框中，如图 7-4-5 所示，进行各选项的参数设置。

步骤 9：使用【画笔工具】并选择如图 7-4-6 所示创建好的散点画笔，在创建好的矩形框内绘制心形，将创建好的其他图形分别放在矩形框中适当的位置上，如图 7-4-6 所示，一张可爱的"Kitty 猫"图画就绘制完了。

图 7-4-4　　　　　　　　　图 7-4-5　　　　　　　　　图 7-4-6

7.4.2　绘制包装纸

本小节要制作一个漂亮的包装纸，完成效果图如图 7-4-7 所示。

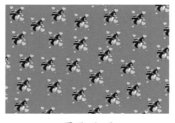

图 7-4-7

制作步骤如下：

步骤 1：在 Illustrator CS4 中，点击【文件】→【新建】，创建一个宽度为 297 mm、长度为 210 mm，取向为横向的图形文件。

步骤 2：先将描边色设置为黑色，点击【钢笔工具】，画笔粗细设为 0.5 pt。先绘制企鹅的头部和身体，然后画出企鹅的四肢部分，继续绘制好企鹅的蝴蝶结和围巾，如图 7-4-8 所示。

步骤 3：给企鹅上色，填充上肢、身体大部分为黑色渐变色，两只脚为黄色至橘黄色的渐变色，蝴蝶结和围巾为紫色系渐变，鼻子为橘黄色至白色的渐变色，然后进行编组，如图 7-4-9 所示。

步骤 4：运用【铅笔工具】绘制几个小的心形，颜色为 C=0、M=38、Y=35、K=0，效果如图 7-4-10 所示。

图 7-4-8   图 7-4-9   图 7-4-10

步骤 5：将绘制好的心形分别摆放到企鹅周围的适当位置，将两者进行编组，效果如图 7-4-11 所示。

步骤 6：打开【符号】面板，将组合好的企鹅图形直接拖曳到【符号】面板里，随即会弹出如图 7-4-12 所示的【符号选项】对话框，进行新符号选项设置，效果如图 7-4-13 所示。

图 7-4-11   图 7-4-12   图 7-4-13

步骤 7：选取工具箱的【符号喷枪工具】，点选【符号】面板里面的企鹅符号，在画面上进行喷绘，效果如图 7-4-14 所示。

步骤 8：使用喷绘工具将整个画面喷绘完成。在喷绘的过程中，如果有的地方间隙过于紧密，可以再使用工具箱里面的【符号喷枪工具】→【符号移位器工具】进行调整。在画面背景部分填充一块颜色，进行衬托，最后效果如图 7-4-15 所示。

图 7-4-14   图 7-4-15

第8章 对象管理工具的应用

8.1 对齐对象

在 Illustrator 使用过程中，经常会用到【对齐】面板，面板中的对齐和分布功能是经常使用的，如图 8-1-1 所示。制作者可以使用对象边缘或是锚点作为参考点，并且可以对齐所选对象、画板或关键对象。

8.1.1 相对于所有选定对象的对齐或分布

如果需要对齐设计稿中两个或两个以上的对象，则选择工具箱中的【选择工具】，选中要对齐的对象，然后在【对齐】面板中单击【对齐对象】或【分布对象】选项所对应的按钮进行设置，如图 8-1-2 所示。

图 8-1-1

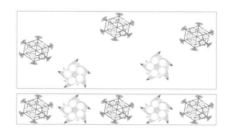

图 8-1-2

8.1.2 相对于关键对象的对齐或分布

当要将所有选中对象与指定关键对象对齐时，就要使用工具箱中的【选择工具】。首先选择两个或两个以上的对象，其次再次单击选中作"关键对象"的对象，这时，关键对象周围出现一个轮廓，最后在【对齐】面板中单击【对齐对象】或【分布对象】选项中所对应的按钮即可，如图 8-1-3 所示。

图 8-1-3

图 8-1-4

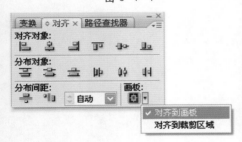

图 8-1-5

图 8-1-6

8.1.3 相对于画板的对齐或分布

若将一个图形元素与画板对齐，就要使用工具箱中的【选择工具】来选择一个或一个以上的对象（分布则需要选择两个或两个以上的对象），如图 8-1-4 所示，在【对齐】面板中点击【对齐画板】命令，然后单击【对齐对象】或【分布对象】选项中对应的按钮，如图 8-1-5 所示、图 8-1-6 所示。

8.1.4 按照特定间距量分布对象

设计稿中需要精确距离分布对象时，就要使用工具箱中的【选择工具】。首先单击要在其周围分布的其他对象，单击选中的对象将在原位置保留不动，其次在【对齐】面板中的【分布间距】中输入对象之间的间距量（如果未显示【分布间距】选项，可从面板菜单中选择【显示选项】复选框），最后单击【垂直分布间距】按钮或【水平分布间距】按钮即可，如图 8-1-7~图 8-1-9 所示。

图 8-1-7

图 8-1-8

图 8-1-9

8.2 对象与图层

8.2.1 编组

在 Illustrator CS4 中，一个完整的设计稿会包含很多图形，在选择时为了不影响其他对象的相对位置，可以将多个对象编为一组。编组后在对它们进行移动、旋转和缩放等编辑操作时，它们会一起发生变化。

在进行对象编组时，先选择工具箱中的【选择工具】选定编组对象，然后点击【对象】→【编组】命令，即可将其编为一组，如图 8-2-1、图 8-2-2 所示。

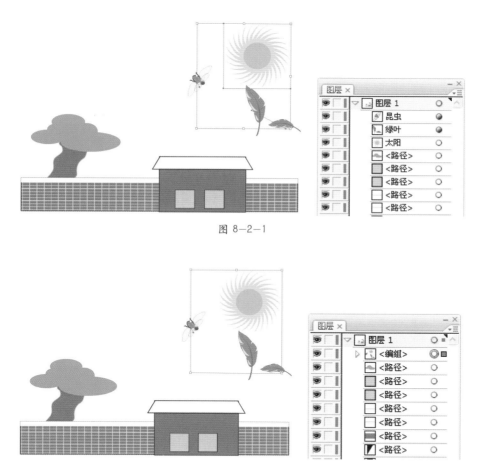

图 8-2-1

图 8-2-2

8.2.2 显示和隐藏图层

在一般默认情况下，每个新建的图层都是可见的。但是有时一些图层不需要打印或显示，特别是在查看很多图层内容时，需要暂时把某个图层或某些图层隐藏起来。

在【图层】面板中，单击要隐藏的图层前边的 图标，图层会被隐藏，再次单击，则重新显示图层。如果隐藏了图层或组，则该图层或组中的所有项目都会被隐藏。

8.2.3　锁定和解锁图层

锁定对象可防止对象被选择和编辑，只需锁定父图层，就可以快速锁定其包括的多个路径、组和子图层。

若要锁定对象，单击【图层】面板中与要锁定的对象或图层对应的编辑列按钮 （位于眼睛图标的右侧）。用鼠标指针拖过多个编辑列按钮可一次锁定多个项目，或者选择要锁定的对象，然后点击【对象】→【锁定】→【所选对象】。

若要解锁对象，单击【图层】面板中与要解锁的对象或图层对应的 图标。反复单击可以进行锁定和解锁的切换。

8.3　变换对象

对象的基本变换包括移动、缩放、旋转、反射、扭曲和倾斜，可以通过【变换】面板、【对象】→【变换】子菜单中的相关命令及专用的工具来完成对象的变换，也可以通过对象选区的定界框来进行多种类型的变换，利用【变换】子菜单中的【再次变换】命令，可以将同一变换重复数次。

8.3.1　缩放对象

缩放对象功能可以使对象沿水平方向或垂直方向放大或缩小，缩小时以参考点为基准，也可以更改参考点的位置。

默认情况下，描边和效果是不能随对象一起缩放的，如果要缩放描边和效果，需要选择菜单命令【编辑】→【首选项】→【常规】，打开【首选项】对话框，并选择【缩放描边和效果】复选框，如图 8-3-1 所示。

图 8-3-1

缩放对象的方法有许多种，制作者可以根据实际情况选择合适的方法，下面介绍一些常用的方法。

1. 使用定界框

选中一个或多个需要进行缩放的对象，再选择工具箱中的【选择工具】或【自由变换工具】，则对象周围出现定界框，如果没有定界框，则选择菜单栏的【视图】→【显示定界框】。

拖动定界框周围的手柄缩放对象，如果要保持对象的比例，则在拖动时按住键盘的"Shift"键；如果要相对于对象的中心进行缩放，则可以在拖动时按住键盘的"Alt"键，也可以同时按住这两个键，缩放过程如图8-3-2所示。

2. 使用比例缩放工具

选中一个或多个需要进行缩放的对象，再选择工具箱中的【比例缩放工具】 。

如果要相对于所选对象中心进行缩放，在文档窗口任一位置拖动鼠标，缩放到合适大小时松开鼠标，如图8-3-3所示。

图 8-3-2   图 8-3-3

如果要对指定的参考点进行缩放，则先在文档窗口中单击要作为参考点的位置以确定参考点，然后将指针向远离参考点的位置移动，缩放到合适大小时松开鼠标。

如果要保持长宽比例不变，则需在沿对角线方向拖动时按住键盘的"Shift"键。

如果要沿X轴或Y轴缩放对象，则在水平或垂直拖动时按住键盘的"Shift"键。

如果拖动之后按住键盘的"Alt"键，则可以缩放对象的同时复制原来的图形对象。

3. 使用缩放命令

选中一个或多个需要进行缩放的对象后，选择菜单栏的【对象】→【变换】→【缩放】，弹出【比例缩放】对话框，如图8-3-4所示。其中可以设置等比或不等比缩放，可以设置比例缩放描边和效果，还可以设置缩放的内容【对象】或【图案】。

另外，通过右键单击图形对象，在弹出的菜单中点击【变换】→【缩放】命令，也可以弹出【比例缩放】对话框，如图8-3-5所示。

4. 使用【分别变换】命令

选中需要进行缩放的对象后，选择菜单栏的【对象】→【变换】→【分别变换】，弹出如图8-3-6所示的【分别变换】对话框，在对话框中可以设置水平方向和垂直方向缩放的比例。

图 8-3-4　　　　　　　　　图 8-3-5　　　　　　　　图 8-3-6

8.3.2　旋转对象

旋转对象功能可以使对象周围指定的固定点旋转。默认的参考点是对象的中心点，如果选区中包含多个对象，则这些对象将围绕同一个参考点旋转，默认情况下，这个参考点为选区的中心点或定界框的中心点。如果要使每个对象都围绕其自身的中心点旋转，可以使用【分别变换】命令。旋转对象的方法有很多种，制作者可以根据实际情况来选择最合适的方法。

1. 使用定界框

选中一个或多个需要进行旋转的对象。点击工具箱中的【选择工具】或【自由变换工具】，则对象周围出现定界框，如果没有定界框，则点击菜单的【视图】→【显示定界框】。

将指针移动到定界框的角上，当指针变为 形状时即可按下左键并拖动以旋转对象，按住键盘的"Shift"键的同时可以限制旋转的角度为 45° 的整倍数，如图 8-3-7 所示。

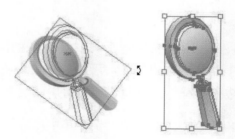

图 8-3-7

2. 使用旋转工具

选中一个或多个需要进行旋转的对象，然后点击工具箱中的【旋转工具】。

如果要相对于所选对象中心进行旋转，则在文档窗口任一位置拖动鼠标，旋转到合适的角度时释放鼠标，如图 8-3-8 所示。

如果要相对指定的参考点旋转，则先在文档窗口中选择合适的位置进行单击以确定旋转的参考点，然后将指针远离参考点的位置拖动到合适的角度时释放鼠标，如图8-3-9所示。

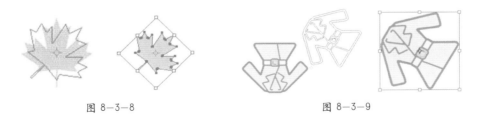

图8-3-8   图8-3-9

如果在开始拖动之后按住键盘的"Alt"键，可以旋转并复制对象。

3. 控制旋转的角度

选中一个或多个需要进行旋转的对象，然后点击菜单的【对象】→【变换】→【旋转】或双击【旋转工具】，弹出如图8-3-10所示的【旋转】对话框。

在【旋转】对话框中输入旋转的角度，输入负数可以顺时针旋转对象，输入正数可以逆时针旋转对象，在其中可以设置旋转的内容【对象】或【图案】。如果希望绕同一参考点多次旋转并复制对象，则可以单击【复制】按钮，多次按下快捷键"Ctrl"+"D"进行再次变换，用这种方法可以制作如图8-3-11所示的圆形图案。

图8-3-10

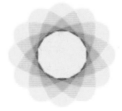

图8-3-11

8.4　【变换】面板

【变换】面板显示一个或多个选定对象的位置、大小和方向的信息。通过键入新值可以修改选定对象，还可以更改变换参考点，以及锁定对象比例，该面板如图8-4-1所示。

8.4.1　变换对象图案

在对已填充图案的对象进行移动、旋转、镜像、缩放或倾斜操作时，可以仅变换对象或图案，也可以同时变换对象和图案。

若使用【变换】面板变换对象或图案，可以从面板菜单中点击【仅变换对象】、【仅变换图案】或【变换两者】命令，如图 8-4-2 所示。

图 8-4-1   图 8-4-2

8.4.2 使用定界框变换

当使用工具箱中的【选择工具】选中一个或多个对象时，被选对象的周围便会出现一个定界框。通过使用定界框变换对象，只需拖曳对象或手柄即可方便地移动、旋转、复制及缩放对象。

8.4.3 将对象缩放到特定宽度和高度

点击工具箱中的【选择工具】，选中一个或多个对象后，在【变换】面板的【宽】和【高】中输入新的数值，如果要保持对象缩放比例，可以单击【锁定比例】按钮，如图 8-4-3 所示。

如果要更改缩放参考点，可以单击参考点定位器上的白色方框，如图 8-4-4 所示。

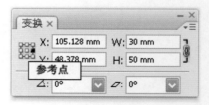

图 8-4-3   图 8-4-4

8.4.4 【锁定比例】按钮

如果要将描边路径以及任何与大小相关的效果与对象一起进行缩放，从面板菜单中点击【缩放描边和效果】命令即可，如图 8-4-5 所示。

图 8-4-5

8.5　实例练习

本节要求：利用【对齐】面板和【变换】面板绘制书签，效果如图 8-5-1 所示。

步骤 1：新建一个文档，设置其宽为 60 mm、高为 110 mm。选择工具箱的【矩形工具】，轻轻点击画布，在弹出的对话框中输入宽 60 mm、高 110 mm，建立一个无填充无描边的矩形框，在软件上部的【变换】面板中，在默认情况下（参考点为左上角）将 X 值输入 0、Y 值输入 110，使其与画面边框对齐。

步骤 2：打开【色板】面板，点击右上角的 选项，点击【打开色板库】→【图案】→【装饰】→【装饰 _ 花卉】，如图 8-5-2 所示；点选面板里面的【中式扇贝颜色】，如图 8-5-3 所示。

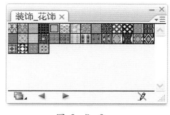

图 8-5-1　　　　　　　　　图 8-5-2　　　　　　　　　图 8-5-3

然后在【透明度】面板里将该图案透明度调整为 80%，如图 8-5-4 所示。

步骤 3：在画面中分别输入文字"高""雅"，字体点击【方正流行体】，并将其错落放置在画面上适当位置，选中文字，在文字上点击右键，点击【创建轮廓】，如图 8-5-5 所示。

图 8-5-4　　　　　　　　　　　　　　图 8-5-5

点击工具箱中的【直接选择工具】，将"高"字的左侧横划和"雅"字的中间笔画的路径锚点向外拉伸至如图 8-5-6 所示的效果。

步骤 4：点击工具箱的【矩形工具】，画出一个宽 7 mm、高 7 mm 的正方形，描边为 0.75 pt；然后复制这个图形，将其旋转 45°，调整描边为 2 pt，如图 8-5-7

所示。

步骤 5：点击工具箱的【椭圆工具】，画出一个小的描边圆形，然后打开【画笔】面板，如图 8-5-8 所示；点击右上角的 ≡ 选项，点击【打开画笔库】→【边框】→【边框_几何图形】。

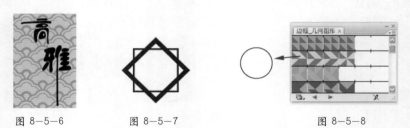

图 8-5-6　　　　　　　图 8-5-7　　　　　　　　　　图 8-5-8

选中描边的圆形，然后点击【边框_几何图形】里面的几何图形，可以选择不同的几何图形进行尝试，就会出现如图 8-5-9 所示的效果。

然后选中【黄绿相间的图形】，在【变换】面板中，将圆形的数值设置为宽 2.7 mm、高 2.7 mm，这样调整后的结果正好放在两个正方形里面，将圆形和正方形同时选中组合，点击【对齐】面板中的【水平居中对齐】和【垂直居中分布】，如图 8-5-10 所示。使用这种方法制作三套这样的图形，效果如图 8-5-11 所示。

步骤 6：选择一个饰角素材，如图 8-5-12 所示，将这个饰角进行对角复制，布置画面左上角和右下角两个位置。对左上角【饰角素材】进行布置的时候，为了使其贴到画面角上，需要在参考点 ▦ 默认为左上角的情况下，将【变换】面板的 X 值设定为 0 mm，Y 值设定为 110 mm。右下角的【饰角素材】放置的时候先把参考点 ▦ 的位置变成右下角 ▦，然后再调整【变换】面板 X 值设定为 60 mm，Y 值设定为 0 mm，【饰角素材】再缩小 1 / 3。

步骤 7：打开【符号】面板，点击面板右上角的 ≡ 选项，点击【打开符号库】→【花朵】，选择一朵"紫锥花"，拖入画面左下角，向右旋转 45°，放在画面适当位置，完成制作，如图 8-5-13 所示。

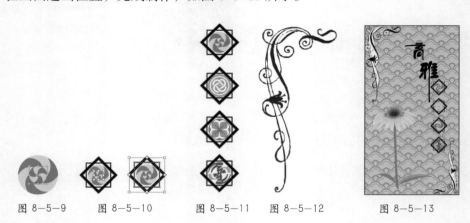

图 8-5-9　　　　图 8-5-10　　　　图 8-5-11　　图 8-5-12　　　　图 8-5-13

第9章　混合效果工具与渐变网格工具

混合是指在两个或多个图形之间生成一系列的中间对象，使之产生从形状到颜色的全面混合，用于创建混合的对象可以是图形、路径、复合路径，以及应用渐变或图案填充的对象。

9.1　混合效果工具

9.1.1　混合的应用

选择工具箱中的【混合工具】，将鼠标指针放在对象上，捕捉到锚点后单击，然后将鼠标指针放在另一个对象上，捕捉到锚点后单击即可创建混合，如图 9-1-1 所示。

9.1.2　混合的选项

双击工具箱中的【混合工具】，可以打开【混合选项】对话框，如图 9-1-2 所示。

图 9-1-1　　　　　　　　　　　　　　　　　　图 9-1-2

【混合选项】对话框中【间距】各选项的含义如下：

【平滑颜色】选项：可自动生成合适的混合步数，创建平滑的颜色过渡效果，如图 9-1-3 所示。

【指定的步数】选项：可在右侧的文本框中输入混合步数，如图 9-1-4 所示。

图 9-1-3

图 9-1-4

【指定的距离】选项：可指定由混合生成的中间对象之间的间距，如图9-1-5所示。

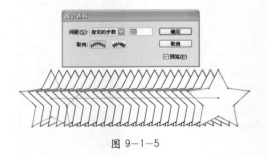

图 9-1-5

9.1.3 扩展混合与释放混合

创建混合后，原始对象之间生成的新对象是不能编辑的，如图9-1-6所示。

如果要修改创建混合后的图形，可以选中混合对象，然后点击【对象】→【混合】→【扩展】命令，将它们扩展为可编辑的图形，如图9-1-7所示。

图 9-1-6　　　　　　　　　　　　　　　图 9-1-7

9.2　渐变网格工具

9.2.1 创建网格对象

选择工具箱中的【网格工具】，将鼠标指针移至图形上，单击即可将图形转换为渐变网格对象；同时，单击处会生成网格点和网格线，网格线组成网格片面，如图9-2-1所示。

如果要按照制作者指定数量的网格线创建渐变网格，可以选中图形，再点击【对象】→【创建渐变网格】命令，打开【创建渐变网格】对话框，该命令可以将无描边、无填充的图形创建为渐变网格对象，如图9-2-2所示。

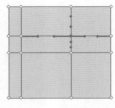　　　　　　　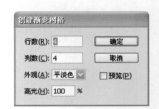

图 9-2-1　　　　　　　　　　　　图 9-2-2

【创建渐变网格】对话框中的选项介绍如下：

【行数】和【列数】：设置水平和垂直网格线的数量，范围为 1 ~ 50。

【外观】：设置高光的位置和创建方式，点击【平淡色】不会创建高光，如图 9-2-3 所示；点击【至中心】可在对象中心创建高光，如图 9-2-4 所示；点击【至边缘】可在对象边缘创建高光，如图 9-2-5 所示。

图 9-2-3　　　　　　图 9-2-4　　　　　　图 9-2-5

【高光】：设置高光的强度。该值为 0% 的时候，不会应用白色高光。

提示：当直接使用【网格工具】单击渐变图形时，该图形将失去原有的渐变颜色。如果要将渐变图形转换为渐变网格对象，同时保持对象的渐变颜色，可以选中该对象，然后点击【对象】→【扩展】命令，在打开的对话框中点击【填充】和【渐变网格】两个选项即可。

9.2.2　编辑网格对象

制作者可以使用多种方法来编辑网格对象，如添加、删除和移动网格点；更改网格点和网格面片的颜色，以及将网格对象恢复为常规对象等。

1. 选择网格点

选择工具箱中的【网格工具】，将鼠标指针放在网格点上，单击即可选择网格点，被选择的网格点为实心方块，未被选择的为空心方块，如图 9-2-6 所示。

选择工具箱中的【直接网格工具】，在网格上单击；也可以选择网格点，按住 "Shift" 键单击其他网格点可选择多个网格点；如果单击并拖曳一个矩形框，则可以选择矩形框范围内的所有网格点，如图 9-2-7 所示。

选择工具箱中的【套索工具】，在网格对象上绘制选区，也可以选择网格点，如图 9-2-8 所示。

图 9-2-6　　　　　　图 9-2-7　　　　　　图 9-2-8

2.移动网格点和网格片面

选择网格点后，单击并按住鼠标左键拖曳即可移动网格点，如果按住键盘的"Shift"键拖曳，则可将网格点的移动范围限制在网格线上，采用这种方法沿一条弯曲的网格线移动网格点时，不会扭曲网格线；选择工具箱中的【直接选择工具】，在网格片面上单击并拖曳，可以移动该网格片面。

3.调整方向线

网格点的方向线与锚点的方向线完全相同，使用工具箱中的【网格工具】和【直接选择工具】都可以移动方向线，调整方向线可以改变网格线的形状；如果按住键盘的"Shift"键拖曳方向线，则可同时移动该网格点的所有方向线。

4.添加与删除网格点

使用工具箱中的【网格工具】在网格线或网格片面上单击，都可以添加网格点。如果按住键盘的"Alt"键单击网格点可以删除网格点，由该点连接的网格线也会同时删除。

提示：使用【添加锚点工具】和【删除锚点工具】可以在网格线上添加或者删除锚点，但锚点不能同网格点一样自由地设置颜色，能起到编辑网格线形状的作用。锚点的外观为正方形，网格点则为菱形。

5.设置网格点颜色

网格点设置颜色，必须切换到填充编辑状态。选中网格点，单击【色板】面板中的一个颜色，即可为所选网格点着色；拖动【颜色】面板中的滑块也可以调整网格点的颜色，如图9-2-9所示。

6.提取路径

选中网格对象后，点击【对象】→【路径】→【偏移路径】命令，打开【位移路径】对话框，将【位移】值设置为30pt，单击【确定】按钮，便可以得到与网格图形相同的路径，如图9-2-10所示。

图9-2-9

图9-2-10

9.3 实例练习

利用【渐变网格工具】的功能绘制一只卡通小熊，如图 9-3-1 所示。

绘制步骤如下：

步骤 1：在 Illustrator CS4 中，点击【文件】→【新建】命令，创建一个图形文件。

步骤 2：点击【椭圆工具】绘制与卡通小熊头部大小相当的椭圆，宽度为 45 mm，高度 32 mm，并将其填充颜色设置为 C=0、M=40、Y=50、K=0，如图 9-3-2 所示，然后将椭圆用旋转工具以中心点为圆心，旋转 -16°，如图 9-3-3 所示。

图 9-3-1

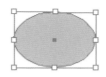

图 9-3-2

图 9-3-3

步骤 3：点击【对象】→【创建渐变网格】命令，打开【创建渐变网格】对话框，如图 9-3-4 所示，对各项参数进行设置，参数设置完成后单击【确定】按钮，结果如图 9-3-4 右侧图所示。

步骤 4：利用【钢笔工具】【直接选择工具】等修改椭圆形的形状及网格点的位置，使其形成小熊的头部，如图 9-3-5 所示。小熊的耳朵和鼻子也可以使用【网格工具】来完成，其他五官可以使用【画笔工具】来完成。

图 9-3-4

图 9-3-5

步骤 5：小熊的其他部位同样使用【网格工具】绘制出来，如图 9-3-6 所示。

步骤 6：使用【渐变工具】绘制小熊的两只脚，如图 9-3-7 所示，这里没有使用渐变网格是因为要画出描边效果。

步骤 7：使用【混合】绘制出飘动的星星的效果，首先使用【钢笔工具】勾画出星星的轮廓，然后使用【渐变工具】填充星星轮廓内部的效果，再用【画笔工具】勾画星星外部发射效果，如图 9-3-8 所示。

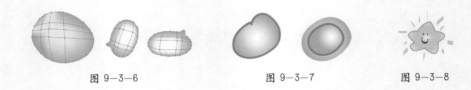

图 9-3-6   图 9-3-7   图 9-3-8

步骤8：将画好的星星复制后变小，分成上小下大布置好，如图 9-3-9 所示，然后同时选中一大一小两个星星，点击【对象】→【混合】→【建立】，如图 9-3-10 所示。

使用【钢笔工具】画出一条贝塞尔路径曲线，如图 9-3-11 所示。然后同时选中画好的混合效果的星星和路径曲线，点击【对象】→【混合】→【替换混合轴】命令，出现飘动的星星的效果，如图 9-3-12 所示。

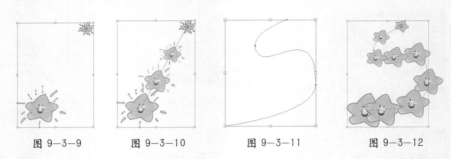

图 9-3-9   图 9-3-10   图 9-3-11   图 9-3-12

步骤9：用【钢笔工具】绘制一个月亮，月亮内部使用【渐变工具】绘制渐变效果，如图 9-3-13 所示；然后将小熊放到月亮上面，将一个星星复制到小熊的手里，再复制几个画好的星星，画一些小五角星，布置到适当的位置，如图 9-3-14 所示；作品最后的效果，如图 9-3-15 所示。

图 9-3-13   图 9-3-14   图 9-3-15

第 10 章　文字效果工具

10.1　文字工具概述

Illustrator CS4 除了具有强大的绘制图形功能外，还具有强大的文字排版功能，使用这些功能能够更加快捷地更改文本、段落的外观效果，还可以将图形对象和文本组合编排，从而制作出丰富多样的文本效果。

10.2　创建和导入文字

图形和文字是平面构图的两个重要因素，使用 Illustrator CS4，制作者不仅可以绘制图形，还可以创建和导入文字内容，甚至编辑文字效果。制作者可以借助文字来传递更多的信息内容，Illustrator CS4 的工具面板中有 6 种文字工具，使用它们可以输入各种类型的文字，以满足不同的文字处理需要。

10.2.1　输入文字点

在 Illustrator CS4 中，制作者使用【文字工具】和【直排文字工具】两种形式，将文本作为一个独立的对象输入页面。具体过程是：在工具面板中选取 T 中的【文字工具】或【直排文字工具】，移动光标到绘图窗口中任意位置，单击确定文字的插入点，即可输入创建文本的内容，如图 10-2-1、10-2-2 所示。

图 10-2-1

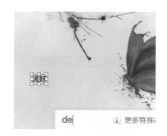

图 10-2-2

10.2.2　输入段落文本

在 Illustrator CS4 中，制作者可以通过"文本框"创建文本输入的区域，输入的文本会根据文本框的范围自动进行换行，如图 10-2-3、10-2-4 所示。

10.2.3 在区域中输入文字

使用【区域文字工具】（图 10-2-5）或【直排区域文字工具】可以在形状区域内输入所需的横排或竖排文本。

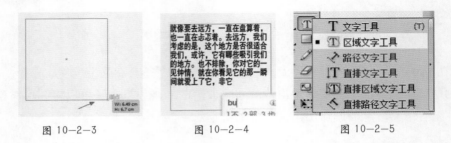

图 10-2-3　　　　　　　图 10-2-4　　　　　　　图 10-2-5

10.3　设置文字格式

在使用 Illustrator CS4 输入文字内容时，制作者可以在控制面板上设置文字格式，也可以通过字符面板更加精确地设置"文字设置"的文件格式，从而获得更加丰富的文字效果。

10.3.1 字符面板

在 Illustrator CS4 中，制作者可以通过【字符】面板来准确地控制字体、文字、大小、字符间距、行距、垂直与水平缩放等各种属性。制作者可以在输入新文本前设置字符属性，也可以输入完成后，选中文本重新设置字符属性来更改所选中的字符外观。

具体过程是：选中【窗口】→【文字】→【字符】命令，可以打开【字符】面板，单击右上角的【字符】面板扩展菜单按钮，在打开的菜单中选择【显示选项】命令，可以在【字符】面板中显示更多的设置选项，如图 10-3-1 所示。

图 10-3-1

10.3.2　设置字体

在【字符】面板中可以设置字符的各种属性。单击设置字体系列文本框右侧的小三角按钮，从下拉列表中选择一种字体样式，或者通过单击【文字】→【字体】选择字体样式，即可以设置字符的字体样式，如图10-3-2所示。

10.3.3　设置字体大小

在 Illustrator CS4 中，字号是指字体的大小，表示字符的最高点和最低点之间的尺寸。单击【窗口】→【文字】→【字符】→【设置字体大小】右侧的小三角按钮，在弹出的下拉列表中选择预设的字号（图10-3-3），也可以在数值框中直接输入一个字号数值或单击【文字】→【大小】选择预设字号。

图 10-3-2

图 10-3-3

10.3.4　缩放字体

在 Illustrator CS4 中，制作者可以改变单个字符的高度和宽度，将文字压扁或拉长。其方法为单击【窗口】→【文字】→【字符】→【水平缩放】或【垂直缩放】命令，可以控制字符的宽度或高度，对选定的字符进行水平或垂直方向上的放大或缩小，如图10-3-4所示。

10.3.5　设置行距

行距是指两行文字之间距离的大小，是从一行文字基线到另一行文字基线之间的距离。制作者可以在录入文本之前设置文本的行距，也可以在文本录入之后，单击【窗口】→【文字】→【字符】→【设置行距】进行设置，如图10-3-5所示。

图 10-3-4 图 10-3-5

10.3.6 字距微调和字距调整

字距微调是增加或减少特定字符之间的间距过程，如图 10-3-6 所示，字距调整是放宽或收紧所选的文本或所选的文本块字符之间的间距过程。

10.3.7 偏移基线

在 Illustrator CS4 中，可以通过调整基线来调整文本与基线之间的距离，从而提升或降低选中的文本，具体过程是单击【窗口】→【文字】→【字符】→【设置基线偏移】，设置偏移的上标或下标，如图 10-3-7 所示。

图 10-3-6 图 10-3-7

10.3.8 旋转文字

Illustrator CS4 支持字符的任意角度旋转。制作者单击【窗口】→【文字】→【字符】→【字符旋转】→【旋转角度】，可以为选中的文字进行自定义角度旋转，如图 10-3-8 所示。

10.3.9 添加下划线和删除线

在 Illustrator CS4 中，制作者可以为文本添加下划线和删除线。制作者只需选中文本，单击【窗口】→【文字】→【字符】→【下划线】或【删除线】即可，如图 10-3-9 所示。

10.3.10　设置文字颜色

在 Illustrator CS4 中，制作者可以根据需要在【工具】面板、【颜色】面板、【色板】面板中设定文字的填充或描边颜色，如图 10-3-10 所示。

图 10-3-8　　　　　　　图 10-3-9　　　　　　　图 10-3-10

10.3.11　将文字转化为轮廓

使用选择工具选中文本后，点击【文字】→【创建轮廓】，如图 10-3-11 所示。可以将文字转为路径，转化为路径后的文字不再具有文字属性，并且可以像编辑图像对象一样对其进行编辑处理。

10.3.12　编辑区域文本

对于创建的区域文字，除了可以使用【字符】面板编辑区域内的文字、参数外，还可以对区域进行编辑设置。通过编辑可以创建更符合设计排版需求的区域文本，编辑区域文本包括调整文本区域、区域文字选项、文本绕排三种形式。

图 10-3-11

10.4　设置段落格式

在 Illustrator CS4 中，制作者可以通过【段落】面板更加准确地设置段落的文本格式，从而获得更加丰富的段落效果。

10.4.1　打开【段落】面板

在 Illustrator CS4 中处理段落文本时，可以使用段落面板设置文本对齐方式、首行缩进、段落间距等。点击【窗口】→【文字】→【段落】，即可打开【段落】面板，单击【段落】面板的扩展菜单按钮，在打开菜单中选择【显示选项】命令，可以在【段落】面板中显示更多的设置选项，如图 10-4-1 所示。

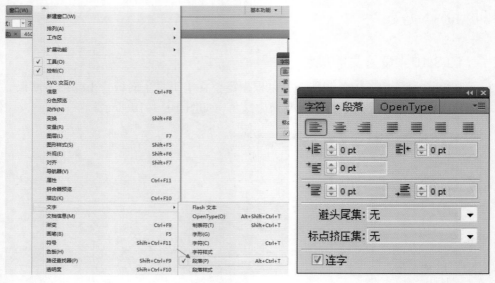

图 10-4-1

10.4.2　对齐文本

Illustrator CS4 提供了"左对齐""居中对齐""右对齐"（图 10-4-2）"两端对齐，末行左对齐""两端对齐，末行居中对齐""两端对齐，末行右对齐""全部两端对齐"7 种文本对齐方式，使用选择工具选择文本后，单击【段落】面板中相应的按钮即可对齐文本。

10.4.3　缩进文本

首行缩进可以控制每段文本首行按照每段指定的数值进行缩进,使用【左缩进】和【右缩进】可以调节整段文字边界到文本框的距离，如图 10-4-3 所示。

10.4.4　调整段落间距

使用【段前间距】和【段后间距】可以设置段落文本之间的距离。这是排版中分隔段落的专业方法，如图 10-4-4 所示。

图 10-4-2　　　　　　　　图 10-4-3　　　　　　　　图 10-4-4

10.5　字符和段落样式

字符字样是许多字符格式属性的集合，可应用于所选的文本范围，段落样式包括【字符】和【段落样式】属性，并可应用于所选的段落，也应用于段落范围。

使用【段落】和【字符样式】，制作者可以简化操作，并且还可以保证格式的一致性。

10.5.1　创建字符和段落样式

制作者可以使用【字符样式】和【段落样式】面板来创建、应用和管理字符和段落样式。要应用样式，只需选择文本并在其中的一个面板中单击样式名称即可。如果未选择任何文本，则会将样式应用于所创建的新文本。

10.5.2　编辑字符和段落样式

在 Illustrator CS4 中，制作者可以更改【字符样式】和【段落样式】的定义，也可以更改所创建的【新字符】和【段落样式】。在更改样式的定义时，使用该样式设置的所有文本都会发生更改，以确保与新样式定义相匹配。

10.5.3　删除样式

在删除样式时，该样式的字符、段落外观并不会改变，但其格式将不再与任何样式相关联。在【字符】面板和【段落】面板中选择一个或多个样式名称，从面板菜单中选取【删除字符样式】和【删除段落样式】，单击面板底部的【删除】按钮或直接将样式拖移到面板底部的【删除】按钮上释放，即可删除样式。

10.6　实例练习

本节要求：用 Illustrator 制作简单的投影字效果，步骤如下：

步骤 1：使用【文字工具】输入文字"ALLUMETTES"，如图 10-6-1 所示。

步骤 2：将得到的文字用【选择工具】选中，按住键盘的"Alt"键进行拖动复制，如图 10-6-2 所示。

图 10-6-1　　　　　　　　　　　　图 10-6-2

步骤 3：将复制得到的文字执行【文字】→【创建轮廓】命令，效果如图 10-6-3 所示。

步骤 4：将创建成轮廓的文字填色改为渐变，如图 10-6-4 所示。

图 10—6—3

图 10—6—4

步骤 5：使用【倾斜工具】在文字最底端单击鼠标左键，将倾斜中心定为在最底端；再按住鼠标左键进行拖动，当倾斜到一定程度后松开鼠标，效果如图 10-6-5 所示。

步骤 6：单击鼠标右键，在弹出的菜单中点击【排列】→【后移一层】命令，将投影放置在文字的后方，并用【选择工具】将文字与投影的底部进行对齐，如图 10-6-6 所示。

图 10—6—5

图 10—6—6

第 11 章　效　　果

11.1　效果简介

菜单中不同的效果命令，可以使图形对象产生不同的外观效果。菜单中的效果命令主要包括 10 部分内容：3D 效果、SVG 滤镜效果、变形效果、扭曲和变换效果、栅格化效果、裁剪标记效果、路径效果、路径查找器效果、转换为形状效果、风格化效果。利用这 10 种效果可以做出不同的特效效果。

11.2　各种效果表现

11.2.1　3D 效果

3D 效果组可以用来制作图形变形。制作者可以直接在【3D】菜单下选择滤镜命令，即点击【3D】→【凸出和斜角】或【绕转】或【旋转】命令，弹出【凸出和斜角或绕转或旋转】对话框，可以在对话框里修改其参数，创建各种效果，如图 11-2-1 所示。

图 11-2-1

11.2.2　SVG 滤镜效果

SVG 滤镜效果组可以为对象添加许多滤镜效果。可以直接在 SVG 滤镜菜单下选择滤镜命令，还可以点击【SVG 滤镜】→【应用 SVG 滤镜】或【导入 SVG 滤镜】命令，弹出【应用 SVG 滤镜】或【导入 SVG 滤镜】对话框，在对话框中设置要添加的滤镜命令，如图 11-2-2 所示。

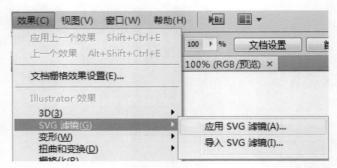

图 11-2-2

11.2.3 变形效果

变形效果组可以用来制作图形变形的滤镜效果。制作者可以直接在【变形】菜单下选择滤镜命令,变形效果滤镜命令包括:弧形、下弧形、上弧形、拱形、凸出、凹壳、凸壳、旗形、波形、鱼形、上升、鱼眼、膨胀、挤压、扭转,点击每一种效果都会弹出对话框,在对话框中设置要添加的滤镜命令,如图 11-2-3 所示。

11.2.4 扭曲和变换效果

扭曲和变换效果组主要用于改变对象的形状、方向和位置。制作者可以直接在【扭曲和变换】菜单下选择滤镜命令,扭曲和变换效果包括:变换、扭拧、扭转、收缩和膨胀、波纹效果、粗糙化、自由扭曲,点击每一种效果都会弹出相应的对话框,在对话框中设置要添加的滤镜命令如图 11-2-4 所示。

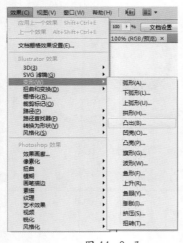

图 11-2-3

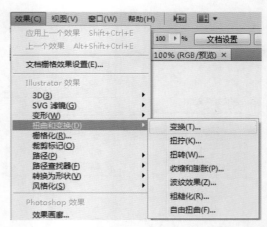

图 11-2-4

11.2.5 栅格化效果

栅格化命令可以使对象产生栅格化的外观效果。制作者可以直接在【栅格化】菜单下选择滤镜命令,但并不将对象转成栅格化图像,如图 11-2-5 所示。

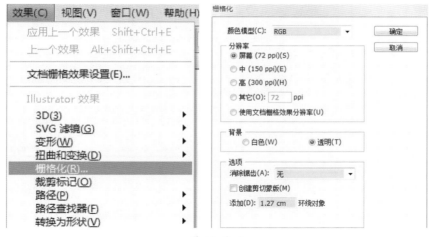

图 11-2-5

11.2.6　裁剪标记效果

裁剪标记效果，可以直接在【裁剪标记】菜单下选择这些命令，如图11-2-6所示。

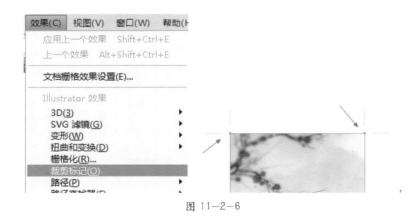

图 11-2-6

11.2.7　路径效果

路径效果组可以用于改变路径的轮廓。制作者可以直接在【路径】菜单下选择这些命令，路径效果包括位移路径、轮廓化对象、轮廓化描边，如图11-2-7所示，点击每一种效果都会弹出相应的对话框，在对话框中设置要添加的滤镜命令。

11.2.8　路径查找器效果

路径查找器效果组包括13种组合，分别为相加、交集、差集、相减、减去后方对象、分割、修边、合并、裁剪、轮廓的命令，如图11-2-8所示，可以直接在【路径查找器】菜单下选择这些命令。在【路径查找器】菜单中，大多数命令与【路径查找器】控制面板中的功能按钮用法相同。

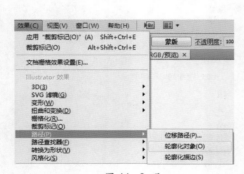

图 11-2-7

图 11-2-8

11.2.9　转换为形状效果

转换为形状效果包括 3 种：矩形、圆角矩形、椭圆。制作者可以直接在【路径】菜单下选择这些命令，点击每一种效果都会弹出相应的对话框，在对话框中设置要添加的滤镜命令，如图 11-2-9 所示。

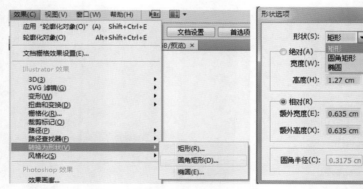

图 11-2-9

11.2.10　风格化效果

风格化效果组可以用来增强对象的外观效果，其滤镜效果包括：内发光、圆角、外发光、投影、涂抹、添加箭头、羽化，如图 11-2-10 所示。制作者可以直接在风格化菜单下选择这些命令，点击每一个效果都会弹出相应的对话框，在对话框中设置要添加的滤镜命令。

图 11-2-10

11.3 实例练习

本节要求：用 Illustrator 绘制精美的三维图表。

使用 Illustrator 中的图表工具，结合【凸出和斜角】和【投影】效果，可以制作出非常美观的 3D 图表，这种 3D 图表制作完成后，可以随时根据需要更改数据系列的值，应用于不同的实际场合，所以非常实用。本节通过制作一个 3D 饼图，介绍 3D 图表绘制的具体方法与技巧。

步骤 1：按键盘的 "Ctrl" + "N" 键打开【新建文档】对话框，将名称设置为【三维图表】，其他选项自定，设置完毕单击【确定】按钮。

步骤 2：选择工具箱中的【饼图工具】，在画布上画出一个区域。【饼图工具】在【柱形图工具】中隐藏，要将其拖拽出方可使用，此时会弹出数据输入窗口，输入数据，可在第一排输入 8、5、3，如图 11-3-1 所示。

步骤 3：输入完成后单击右侧的【应用】按钮，此时在画布上出现一个饼图，如图 11-3-2 所示。

图 11-3-1

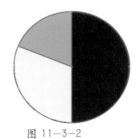

图 11-3-2

步骤 4：使用工具箱中的【直接选择工具】选择饼图的每一个数据系列，并更改为不同的颜色，此处分别改为黄色、蓝色和红色，如图 11-3-3 所示。

步骤 5：使用【直接选择工具】移动每个数据系列的位置，也可以在制作完成三维效果后移动，如图 11-3-4 所示。

图 11-3-3

图 11-3-4

步骤 6：选中所有数据系列，点击【窗口】→【透明度】，在【透明度】面板中将其【不透明度】设置为 45% 或 55%，如图 11-3-5 所示。

步骤 7：按键盘的 "Ctrl+G" 键，将所有数据系列进行编组，可以看到其不透明度又显示为 100%，如图 11-3-6 所示。

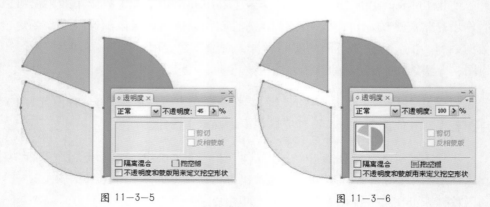

图 11-3-5   图 11-3-6

步骤 8：点击【效果】→【3D】→【凸出和斜角】，打开【3D 凸出和斜角选项】对话框，并按图 11-3-7 所示设置各选项，在设置的同时可以选中【预览】复选框，查看 3D 效果的变化。注意：在设置【表面】下方高光点时，需要单击【新建光源】按钮建立多个光源。

步骤 9：设置完毕单击【确定】按钮，此时可以看到 3D 饼图效果，如图 11-3-8 所示。

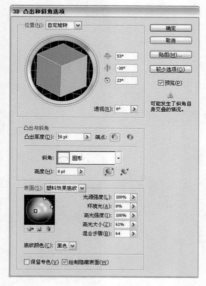

图 11-3-7   图 11-3-8

步骤 10：选择【效果】→【风格化】→【投影】菜单命令，打开【投影】对话框，并按图 11–3–9 设置投影效果。

步骤 11：设置完毕后单击【确定】按钮，可以得到图 11–3–10 所示的投影效果，该效果比应用投影之前要美观得多。

图 11–3–9

图 11–3–10

步骤 12：添加相关文字，最终效果如图 11–3–11 所示。

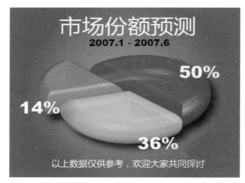

图 11–3–11

第12章 图层、蒙版和链接

12.1 图　　层

图层是图像文件中各个图形的有效管理者，图层的基本结构为各个独立的图层，每个图层下允许有独立的子图层或编组的图层存在。在【图层】面板中可查看图像文件的相关图层及其对象，也可在该面板中对图层及对象作锁定、隐藏和排序的调整。

12.1.1　【图层】面板

在默认状态下，【图层】面板位于工作区的右侧。该面板对文件中各个图形的图层进行了颜色编码，通过自动应用路径或锚点的颜色来区分各图层对象，每个图层的定界框与面板中相应图层名称旁所显示的颜色相匹配。

12.1.2　【图层】面板的扩展菜单

【图层】面板的扩展菜单命令用于对图层的一些基本操作和高级编辑进行设置，主要包括新建图层、建立/释放剪切蒙版、定位对象、拼合图稿和轮廓化其他图层等操作，如图12-1-1所示。

12.1.3　更改【图层面板选项】

更改图层选项是通过单击【图层】面板右上角的扩展按钮并在弹出的菜单中点击【面板选项】命令，以在弹出的【图层面板选项】对话框中设置图层的相关选项，如图12-1-2所示。

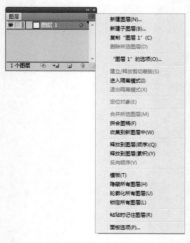

图 12-1-1

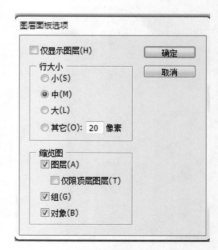

图 12-1-2

12.1.4　图层查看模式

Illustrator CS4 拥有【预览】【轮廓】【叠印预览】和【像素预览】等多种视图模式。

图层查看在默认情况下为【预览】模式，即正常的矢量图形模式；【叠印预览】视图模式模拟混合、透明和叠印在分色输出中的显示效果；【像素预览】模式模拟栅格化图稿并在 Web 浏览器中查看时图稿的显示效果，即类似于像素位图的视图状态，如图 12-1-3~ 图 12-1-5 所示。

图 12-1-3　　　　　　　　　图 12-1-4　　　　　　　　　图 12-1-5

12.1.5　图层的创建与编辑

图层是图形绘制过程完整性的基本要求，图层的创建则是对图形进行管理的重要形式。对图层进行编辑可将对象制作成模板，用以保持绘图时的比例一致，并可使用模板对对象进行描摹，有利于对象进行编辑。

1. 新建图层

在【图层】面板的【新建图层】，可新建集合图层和子图层。在画板中绘制路径，即可在当前集合图层中创建该路径为子图层对象，如图 12-1-6~ 图 12-1-8 所示。

 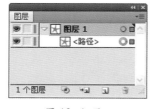 

图 12-1-6　　　　　　　　　图 12-1-7　　　　　　　　　图 12-1-8

2. 在图层上创建模板

在 Illustrator CS4 中，制作者可将任何图像制作成模板，在绘图时使用模板用于保持比例一致和获取合适的角度，将图像放到模板层上，创建一个模板，创建的模板被锁定不能进行选择或编辑。

3. 模板描摹对象

在 Illustrator CS4 中，模板通常用于描摹、作为创建或调整作品的参考。将指定的对象转换为模板后，借助使用一些图形绘制工具，如用【钢笔工具】描摹、勾绘模板对象的轮廓，并对其进行填色处理，以绘制该模板图形的新矢量图形，绘制完成后将模板图像删除即可，如图 12-1-9、图 12-1-10 所示。

图 12-1-9

图 12-1-10

12.2　剪切蒙版

蒙版用于显示或隐藏图像中的某些部分，Illustrator CS4 中的蒙版包括剪切蒙版和不透明蒙版两类。若要创建蒙版，蒙版应处于要应用蒙版效果对象的上方。

12.2.1　蒙版的分类

Illustrator CS4 中的蒙版分为剪切蒙版和不透明蒙版，这两种蒙版的作用都是对指定的对象区域进行遮罩处理（图 12-2-1）。

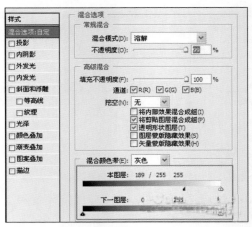

图 12-2-1

12.2.2 蒙版的基本应用

蒙版的基本应用主要有创建蒙版、释放蒙版、设置不透明蒙版三种形式。剪切蒙版（图 12-2-2）和不透明蒙版（图 12-2-3）的创建方式和释放方式有着相似之处，但在设置应用上有所不同。

图 12-2-2　　　　　　　　　　　　图 12-3-3

12.3　链接面板

【链接】面板中列出了文档中置入的所有文件，其中包括本地文件和被服务器管理的资源。但是，从 Internet Explorer（微软浏览器）中的某个网站粘贴而来的文件并不显示在此面板中。

【链接】面板（图 12-3-1）包括：链接图形的文件名、【重新链接】按钮、【转至链接】按钮、【更新链接】按钮、【编辑原稿】按钮，如图 12-3-2 所示。

图 12-3-1　　　　　　　　　　　　图 12-3-2

12.4 实例练习

本节要求：制作手机宣传海报，步骤如下：

步骤 1：新建一个文件，参数按图 12-4-1 中的数值进行设置。

步骤 2：制作背景图画。利用【矩形工具】在画面绘制与画布大小相同的矩形，点击【窗口】→【渐变】命令，在弹出的【渐变】对话框中设置右侧滑块的渐变色为 C=45、M=0、Y=100、K=0，得到如图 12-4-2 所示的效果。

图 12-4-1

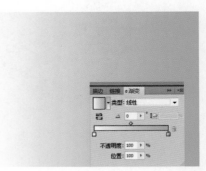

图 12-4-2

步骤 3：输入文字。点击【文字工具】，在画布上输入文字"K"，设置填充颜色为 C=44、M=0、Y=92、K=0，点击【窗口】→【文字】→【字符】，在弹出的【字符】面板中设置参数，参数设置自由发挥，制作出如图 12-4-3 所示的效果或者适合的效果即可。

步骤 4：点击【窗口】→【符号库】，从中选取"花框"素材，选择此素材文件并拖至当前画布中，调整大小和位置，摆放成如图 12-4-4 所示的效果。

图 12-4-3   图 12-4-4

步骤 5：选择【铅笔工具】，沿着花框边缘绘制路径，填充颜色为白色，得到如图 12-4-5 所示的效果。置入图像素材，选择【文件置入】命令，在弹出的【置入】对话框中选择"天语手机前"素材和"天语手机后"素材，调整大小和位置，摆放成如图 12-4-6 所示的效果。

图 12-4-5

图 12-4-6

步骤 6：继续置入"蝴蝶"素材，调整图像大小和位置，摆放到如图 12-4-7 所示的位置。

步骤 7：置入"天语手机前"素材与"天语手机后"素材，调整其大小和位置，得到如图 12-4-8 所示的效果。

图 12-4-7

图 12-4-8

步骤 8：复制并垂直翻转手机，得到如图 12-4-9 所示的效果。

步骤 9：点击【矩形工具】，在复制的相机下方绘制矩形图形，填充由白到黑的渐变色，如图 12-4-10 所示。

图 12-4-9

图 12-4-10

步骤 10：建立不透明蒙版，选中渐变矩形和后方的手机图像，点击【窗口】→【透明度】命令，单击【透明度】面板右上方的黑色倒三角菜单，在其下拉菜单中点击【建立不透明蒙版】选项，得到如图 12-4-11 所示效果。

步骤 11：对另一个手机用步骤 8、9、10 相同的方法，建立不透明蒙版，得到如图 12-4-12 所示的效果；置入"logo（标志）"素材，得到如图 12-4-13 所示的效果，最后在利用【文字工具】添加广告语和手机介绍文字，得到如图 12-4-14 所示的最终效果。

图 12-4-11

图 12-4-12

图 12-4-13

图 12-4-14

第 13 章　制作图表

Illustrator 不仅可以用于艺术创作，也可以用来制作一些公司的宣传资料，因为数据和图表比单纯的数字罗列更有说服力，表达更直观，所以这时候就不可避免地会遇到数据和图表的制作。虽然 Illustrator 不像 Excel 那样对数据有很强的计算汇总能力，但在数据图表制作方面也有它的特长和优势。

在创建图表之前一般要设置图表的类型，当然也可在创建后根据需要更改。展开 Illustrator CS4 工具箱中的图表工具按钮，可以看到 Illustrator 可以创建 9 种

图 13-0-1

图表：柱形图、堆积柱形图、条形图、堆积条形图、折线图、面积图、散点图、饼图和雷达图，如图 13-0-1 所示。

13.1　创建图表

步骤 1：双击相应图表工具的图标，或者点击【对象】→【图表】→【类型】，可弹出【图表类型】对话框进行参数设置，如图 13-1-1 所示，设置好各项参数后，单击【确定】按钮。

步骤 2：在工作页面上单击并拖动出一块矩形区域，即可绘制相应大小的图表。松开鼠标后，即弹出【数据输入】对话框，可根据需要输入一些数据（图 13-1-2）。其中，标签用来区分不同的数据类型，首先要输入标签，如 2000 年、2001 年、2002 年等。单击数据输入表中的【对调】按钮，可以将行和列的数据交换，如果要交换 X 轴与 Y 轴，单击【按住行/列】按钮。

步骤 3：数据输入完毕，单击右侧表示应用的【对号】按钮即可得到与数据对应的图表。

图 13-1-1

3500				
1.00	销售一部	销售二部	销售三部	
1999.00	2000.00	2400.00	2200.00	
2000.00	3000.00	3500.00	3200.00	
2001.00	4000.00	4400.00	4500.00	
2002.00	5000.00	5500.00	5600.00	

图 13-1-2

13.2　输入图表数据的方法

简单或者少量的数据可以用前面的方法直接输入。除了最直接的输入方法以外，还有两种输入数据的方法。

第一种方法是从其他格式文件中导入：将数据文件存为用制表符分隔的文本格式即可导入。

第二种方法是从其他应用程序中（如 Excel）粘贴数据：从其他应用程序中选择要复制的数据，在 Illustrator CS4 中点击【编辑】→【复制】，将数据复制，在【数据输入】对话框中单击要粘贴数据的单元格，点击【编辑】→【粘贴】，将数据粘贴进来。

单击【重复】按钮则会将所输入的所有数据清空恢复到输入前的状态，所以请慎重使用。如果不小心误操作，可以单击【编辑】菜单下的【取消】命令撤销。

输入数据完毕，单击右侧表示应用的【对号】按钮以应用，创建好的图表就出现在工作区页面中，如图 13-2-1 所示。

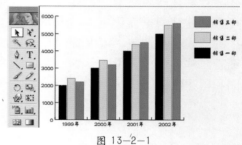

图 13-2-1

13.3　图表的组成及其选择

创建的图表是一个由各种基本元素组成的群组对象，下面看看最基本的图表的组成。

图 13-2-1 中，左边和下边分别是刻度轴，纵轴表示销售额，横轴表示年份，主体部分是代表各组数据的数据列，右上角是图例。

刚生成的图表各部分只用不同灰度的颜色表示，未免不够生动，下面就来改变不同数据列的颜色，包括右边的图例。

首先要对需改变颜色的数据列进行选择，而【选择工具】一般只能用来选中整个图表，而【直接选择工具】则可选择最基本的图表元素，如图 13-2-1 中销售二部 1999 年的销售额，纵轴上的刻度和数值，甚至表示刻度轴本身的那条直线。按住键盘的 "Shift" 键就可以进行多选。不过最常用的还是用【编组选择工具】进行选择，下面举例说明。

用【编组选择工具】单击一次表示销售二部 1999 年的销售额的数据列，只选中此列；第二次单击它，则选中销售二部各年的销售额数据列；第三次单击它，选中销售二部各年的销售额数据列及销售二部的图例；第四次单击它，能够选中所有数据列和所有图例。

一次或多次单击刻度轴上的数值（如 1000，2000，3000，…），所选中元素的情况和上面类似，直到选中整个刻度轴。更多地单击选择，最后会选择整个图表。

学会选择就会改变图表各部分的颜色填充了。当然，不仅可应用填充色，其他渐变色和 SWATCHES 中的颜色也可以应用。

13.4　编辑更改图表

13.4.1　更改图表数据

如果在建立图表后，需要对相关数据进行更新或变动，可以再次编辑图表数据，相应的图表就会随之更新，而不必建立新的图表，操作起来可谓方便灵活，具体编辑方法如下：

步骤 1：选择已经建立的整个图表，选择【对象】→【图表】→【数据】，或者从右键菜单中点击【数据】即可弹出数据输入对话框，如图 13-4-1 所示，可以重新编辑图表数据，编辑方法也是多种多样，非常灵活。可以直接输入、复制粘贴、在单元格之间剪切或粘贴。

步骤 2：更改完毕，单击表示应用的【对号】按钮，图表即可相应地更新。

图 13-4-1

13.4.2　更改图表类型

重新编辑完图表数据，也许要更改图表类型，比如将柱形图更改为散点图或折线图等。更改方法是：选择要更改类型的图表，双击【图表工具】按钮，图 13-4-2 就是将柱形图更改为折线图的效果。

除了更改整个图表的类型，还可以只选择某个或某些数据列将其改为其他图表类型。具体方法举例说明如下：

用【编组选择工具】选择销售二部的所有年份销售额（包括数据列和图例），双击相应的图表工具按钮打开【图表类型】对话框，为此数据列选择不同的图表类型，例如折线图，结果如图 13-4-3 所示。

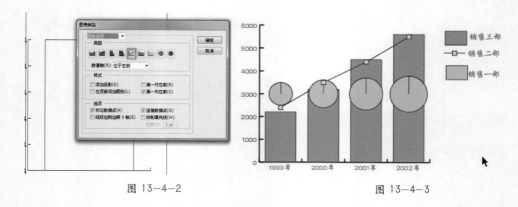

图 13-4-2   图 13-4-3

13.4.3　更改图表数值轴的位置

除了饼图和雷达图，其他图表一般都可以改变数值轴的位置，比如将纵轴放置在图表的左边、右边、上方、下方。

对于柱形图、堆积柱形图、折线图和面积图，可以选择将数值坐标轴放在左边、右边或两边都有。

对于散点图，可以选择在左边或两边。

对于条形图和堆积条形图，可以选择在顶部、底部或两者兼有。

对于雷达图，只有一个选择：在所有边。

以最常见的柱形图为例，简述一下如何更改数值轴的位置。

方法为：选择整个柱形图，双击相应的图表工具图标，在数值轴下拉列表选项中可以选择左边、右边、两边。

按上述设置选择不同图表数值轴的合适位置后，可以制作出不同效果的图表。

13.4.4　更改图表数值轴的刻度

默认情况下，图表的两侧（如左右两侧）的刻度数值是一样的，那么能否设置成不同数值刻度呢？答案是肯定的，具体操作如下：

步骤 1：用【编组选择工具】选择一组数据及其图例框，如果选择错误，后面的操作就无效了。

步骤 2：从图表选项的下拉列表中选择左边或右边的坐标轴，对于柱状图、散点图、面积图和堆积柱形图，可以选择在左侧或右侧；对于条形图和堆积条形图，可选择在下方或上方。

步骤 3：选中【重写计算】选项，对刻度适当地修改后单击【确定】。

图 13-4-4 是为柱形图设置两轴不同刻度后的结果。

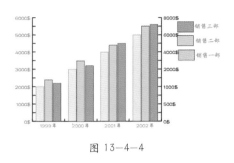

图 13-4-4

13.5　不同图表类型的混合使用

使用图表时，可在同一图表中组合应用不同的图表类型。比如用条形图表示销售一部的销售额，用折线图表示销售二部的销售额，用不同类型图表表示其他组的数据。

要注意的是，在所有的图表类型中，散点图表不能和其他的图表同时组合应用。不同图表类型的混合使用设计具体方法如下：

步骤 1：用【编组选择工具】选中一组数据及其图例，双击相应的图表工具按钮，从对话框中选择适当图表类型，并设置好相关选项。

步骤 2：用【编组选择工具】选中其他一组或多组数据及图例，用上述方法更改其图表类型。

步骤 3：单击【确定】后更新图表。

图 13-5-1 为柱形图和折线图的组合使用。

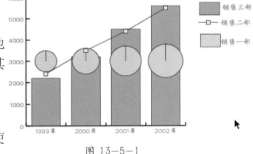

图 13-5-1

13.6　自定义图表

某些图表可以加上刻度线，并可为刻度数值加上前缀或后缀，比如 2000 可加后缀成为 2000$ 或者 2000 万。

简单地讲，刻度线就是垂直于数据轴的直线，它可以分别单独垂直于横轴、纵轴，也可同时垂直于两者，可以是长线，也可以是短线或设置成无，下面还是以开始创建的销售额图表为例看看具体操作。

步骤 1：给纵轴添加长刻度线。选择整个图表，从【数值轴】的下拉列表选择左边、右边、两边中的一种，如图 13-6-1 所示。

在【图表类型】对话框中的下拉列表点击【数值轴】，即对数据轴操作，请注意这两个数值轴的微妙差别。此时，对话框如图 13-6-2，选中忽略计算出的值，进行设置。

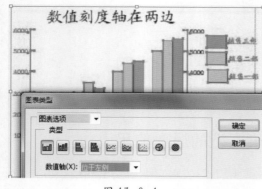

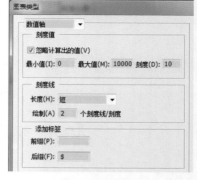

图 13-6-1   图 13-6-2

【刻度值】是数值轴上的数值范围，此图表中默认是 0 ~ 6000，并分为 6 等份。可以手动设置刻度值，并确定刻度将此数值范围进行多少等分。例如将最大值设为 10000，刻度为 10，将数值轴 10 等分。

步骤 2：在【前缀】框设置前缀，在【后缀】框中设置后缀，在此例中不妨加上后缀 $ 。当然在实际应用中可以是其他货币符号，也可以是度、毫米、百分比等前后缀。

步骤 3：在【长度】框设置刻度线的类型，包括"无""短""全宽"，其中，全宽即将刻度线延伸到整个图表，在此例中选"全宽"。

【绘制】可以在 10 等分的数值轴的每个等分加若干条刻度线。如果设成 2，则从 0 ~ 1000，1000 ~ 2000，…，9000 ~ 10000 之间都是 2 条刻度线。

最终结果如图 13-6-3 所示，有水平长刻度线并加后缀的图表，正如前面所述，刻度线也能够用【编组选择工具】选中，并设置其轮廓线颜色。

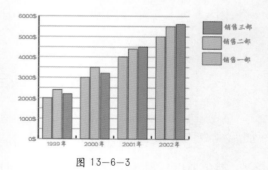

图 13-6-3

若想对纵轴、横轴同时加上刻度和后缀，将水平和垂直数值轴都选中后进行上述设置即可。

13.7 其他的简单选项

在 Illustrator CS4 中能够改变图表的渐变填充色，更改图表中字体和字体样式，同样也可像其他对象一样，进行移动、旋转、倾斜和缩放等变形操作。更高级一些的，甚至可以把样式、透明度、笔刷、线条等效果应用在图表的各部分或整个图表。除了上述方法，可以用图表工具中其他一些简单的选项来改善、美化图表的外观。

为图表添加阴影：在【图表类型】对话框中点击【添加投影】，图表就会有阴影效果。用【编组选择工具】选中阴影，同样可改变阴影颜色，这里的颜色可以是纯色填充，也可以是渐变填充，请制作者自己尝试。

改变图例的位置：在【图表类型】对话框中点击【在顶部添加图例】，可使图例显示在图表的上方，而默认情况下的图例是在右边。

13.8 自定义图表的设计图案

在进行图表制作时，有时候为了更加形象生动，可以应用现有或自定义的图案。比如前面创建的图表，可以自己定义一个新图案，例如金钱。形象的符号可代替单调的条形、柱形，也可代替折线图或散点图等，下面举例说明。

步骤 1：绘制一个金钱形的图案，并设置其填充色和轮廓线宽度。

步骤 2：绘制一个和金钱图案差不多大小的矩形，作为金钱图案的边界，将其填充色和轮廓线都设置成无色，并放到底层。注意这两步必不可少，否则下面的操作不会成功。

步骤 3：用【编组选择工具】选择金钱图案和矩形边界，点击【对象】→【图表】→【设计】，弹出【图表设计】对话框，在对话框中单击【新建设计】，就可将此群组图案加入图表设计图库中，在预览框中可以预览刚刚设计的图案。如果不满意，可删除。利用此对话框还能执行粘贴、重命名、选择未用设计图案等操作，如图 13-8-1 所示。

用同样方法可建立多个图表设计图案并储存，最好重新命名以便于以后进行查找和使用。

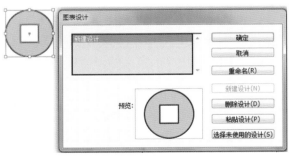

图 13-8-1

制作的设计图案可以在图表中应用了。以柱形图和条形图为例，将刚才定义的金钱图案代替图表中抽象的柱形或条形，具体操作如下：

步骤 1：用【编组选择工具】选中图表中的柱形或条形。

步骤2：选择【对象】→【图表】→【柱形图】，如图13-8-2所示。

在【选择列设计】下面的列表中选择要应用的设计图案，可在右边的框中进行预览，此处选择刚才定义并保存的金钱图案。

在【列类型】中有以下4项选择：

【垂直缩放】：设计图案在垂直方向上进行缩放，即在垂直方向上可拉长和缩短，而宽度不变。

【一致缩放】：设计图案在水平和垂直两个方向上等比缩放。

【重复堆叠】：可在垂直方向上重叠放置多个设计图案。如果选择此项，则下面的【每个设计表示】【对于分数】选项被激活。在【每个设计代表】框中输入数值，以确定每多少个刻度数值用一个设计图案表示。【旋转图例设计】表示可将应用的设计图案进行旋转。【对于分数】可设置当重复的设计图案不是整数时的效果，共有两个选项：【缩放设计】和【截断设计】。【缩放设计】表示如果最上边的一个设计图案放不下，就将其缩小，使其刚好能够放下。【截断设计】表示如果最上边的一个设计图案放不下，就将其截断，能放下多少就放多少。

【局部缩放】：如果要将设计图案进行局部缩放可用此选项。

理解了上述选项的含义，就可制作出多种多样的自定义图表了，图13-8-3就是应用了自定义的金钱图案的效果。

在折线图和散点图中，数值点一般用很小的矩形表示，其实和上面讲的道理一样，同样能用自己定义的图案来代替。方法其实很简单，具体操作如下：

如果符号库的符号丰富，可以在【符号】面板中选择一个符号直接拖到工作区中，选中它，点击【对象】→【图表】→【设计】，显示【图表设计】对话框，单击【新建设计】，选择的符号就出现在预览框中，单击【确定】退出。用【编组选择工具】选中折线图的任一图例，再次单击可将折线图中的数据点都选中，选【对象】→【图表】→【标记】，单击【确定】，就会将数据点用符号代替了，如图13-8-4所示。当然，此例中也可以自行绘制符号，但使用现成的符号更快捷一些。

图13-8-2

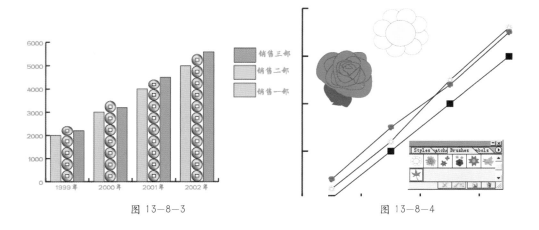

图 13-8-3   图 13-8-4

13.9 在图表中显示数据列的数值

通常图表中的数据都显示在相应的轴上，但是可以创建这样一类自定义图表——直接显示数据列的数值，方法如下：

步骤1：用前面所说的方法创建一个设计图案，这里就使用前面制作的金钱图案为例。

步骤2：用【文字工具】在此图案的上下左右附近输入%，后面输入两个数字。这两个数字的意义是：第一个数字表示小数点之前显示多少位数，第二个数字表示在小数点之后显示多少位数。如果第二个数字为0，表示整数后面无小数；若为1，则表示整数后面有一位小数，依此类推。

步骤3：用【编组选择工具】选中包括输入文本在内的新设计图案。

步骤4：点击【对象】→【图表】→【设计】，单击【新建设计】，可以看到这个带有输入文本的金钱图案已经在预览框中了。

步骤5：选择图表的部分或全部数据列，点击【对象】→【图表】→【柱形图】，单击刚才更改好的设计图案就可以应用了。

图 13-9-1 是用了【列类型】列表中【垂直缩放】选项后的效果。

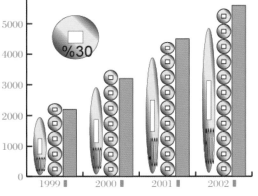

图 13-9-1

第 14 章　Web 设计、打印和任务自动化

14.1　输出为 Web 图形

Illustrator CS4 输出设置控制 HTML 文件的格式、命名文件和切片，以及在存储优化图像时的背景图像，在输出设置对话框中可以设置这些选项。

准备好要导出 Web 图形的最终效果后，点击【文件】→【存储为 Web 和设备所用格式】（图 14-1-1）命令，或者按下键盘上的"Ctrl+Shift+Alt+S"键，打开【存储为 Web 和设备所用格式】对话框，可以将图像保存为网页图像。

这个占据大半个屏幕的对话框被分为几个部分，如图 14-1-2 所示，最左边是可以使用的几个工具；中间是预览窗口，能让制作者查看图像的 4 个不同版本；右上角是导出格式及其设置，右下角是【颜色表】【图像大小】和【图层】3 个面板。对话框的底部是缩放控件、图像的颜色信息和【在默认浏览器中预览】的按钮。

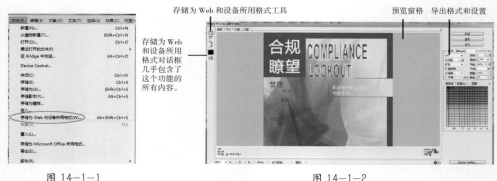

图 14-1-1

图 14-1-2

存储为 Web 和设备所用格式工具

预览窗格　导出格式和设置

存储为 Web 和设备所用格式对话框几乎包含了这个功能的所有内容。

在对话框左侧的工具箱中，从上到下分别是【抓手工具】【切片选择工具】【缩放工具】【吸管工具】【吸管颜色】【切换切片可视性】。

在对话框右上角，点击【预设】后面的下拉菜单，选择不同的类型，可以出现不同的设置。在保存网页文件时需要对右上角的"设置"选项组的各参数进行详细设置。

一般网络上的图像通常占据 Web 页面上 50 % ~ 60 % 的数据，因此，文件的压缩是非常重要的。JPEG 和 GIF 格式是 Web 上常用的格式，它们使用有效的压缩算法将图像压缩成相对较小的文件，但图像的品质同时受到了一定影响。

我们把按照需求对图像的质量和文件体积进行平衡的过程称为图像的优化。大的照片图像应该保存为 JPEG 格式，当设置为低压缩率高质量时，所获得的文件比 GIF 小，而且 JPEG 的视觉质量更好。原始大小在 10 ~ 25 KB（大约总像素在 900 左右），所需的色彩深度为 8 ~ 32 色的图像，使用 GIF 格式会比 JPEG 格式的效果更好一些。

14.2 打　　印

14.2.1 关于打印

在 Illustrator 中创作的各种艺术作品，都可以将其打印输出，例如广告宣传单、招贴、小册子等。Illustrator 的打印功能很多，在其中可以进行调整颜色、设置页面，还可以添加印刷标记和出血等操作。

打印文件前要设置【打印】对话框中的选项，该对话框中的每类选项都是可以指导完成文档的打印过程的。通过执行【文件】→【打印】命令，在【打印】对话框中设置选项，如图 14-2-1 所示。

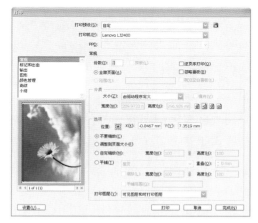

图 14-2-1

14.2.2 打印准备

在打印页面之前，需要进行一些准备操作，以免打印过程中出现问题。

1. 清除不可打印的对象

在 Illustrator 中，打印时只能打印页面中的内容，在页面以外的部分不会被打印出来。页面以外的空文本路径、独立点或未着色物体会占据文件空间，并使打印机加载一些不必要的数据，造成不必要的麻烦。所以，在打印页面前要对其进行清除。

选择【对象】→【路径】→【清理】命令，弹出【清理】对话框，如图 14-2-2 所示。勾选【游离点】选项可以删除文件中的独立点；勾选【未上色对象】选项可以删除文件中的没有上过颜色的对象；勾选【空文本路径】选项可以删除文件中的空文本路径。

2. 文档设置

文档设置是为打印文件做准备工作，点击【文件】→【文档设置】命令，弹出【文档设置】对话框，如图 14-2-3 所示。在该对话框的下拉列表中有三个选项可以选择：【出血和视图选项】【透明度】【文字选项】，打印前要对各参数进行设置，设置完成后单击【确定】按钮，打印前的准备工作完成。

图 14-2-2

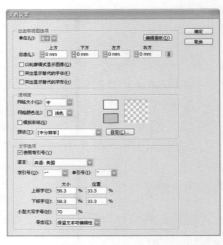

图 14-2-3

Illustrator CS4 的打印输出支持以下类型的图像。

（1）连续色调：图像中最简单的类型，例如一页文字、只有一种颜色或一个阶层的灰，这些图像被称为单色调图像；而复杂一点的图像则充满各种色调，这种图像就是连续色调图像，扫描的相片就属于连续色调图像。

（2）半色调：为了在打印时制造出连续色调的错觉，图像会被分解成一连串的网点，这个过程就叫作半色调化。半色调网屏上有各种不同大小和密度的网点，可以产生光学上的错觉，模拟图像的各种灰色或连续色调。

（3）分色：将图像分成两种或多种颜色的过程称为分色。用来制作印版的胶片则称为分色片。为了重现彩色和连续色调图像，印刷通常将文件分为四个印版，分别用于图像的青绿色、品红色、黄色和黑色四种原色，还包括自定油墨。

打印图像中的各项细节是透过指定适当的分辨率和网频之值的组合来控制的，输出设备的分辨率越高，可以使用的网频（Screen Ruling）就越好（更高）。

14.3　任务自动化

14.3.1　使用 Illustrator 中的自动化操作

Illustrator 能够通过自动化技术加快工作流程，节省时间，并确保多种操作的结果保持一致，Illustrator 通过两种方式支持自动化。

动作：这个功能允许记录具体步骤，只需轻轻一按就能重复上述步骤。例如，一个动作可能包含选择一个打开文档中的所有文本对象并将其以指定的分辨率栅格化。动作很容易记录，不需要任何编码知识。然而，在 Illustrator 中，不是所有的功能都可以这样激活的，所以【动作】所能做的也是很有限的。

脚本：本质上是一个程序运行方式，用于和应用程序交互。不是用鼠标或键盘上的快捷键来控制 Illustrator，而是使用脚本（一套命令）来指导它要做什么。因为这些命令包含数学和逻辑运算，所以脚本可以用变量创建图稿。例如，用一个脚本绘制图形，可以使图形在高于某个数值时显示为黑色、低于该值时显示为红色。大多数 Illustrator 功能都能通过脚本进行控制（和动作相比更明显），但是要编写脚本就需要知道脚本语言，Illustrator 支持 VB Script 和 Java Script 语言。幸运的是，要使用它们根本不用知道如何编写脚本（也就是说有人已经写好了脚本）。

14.3.2　记录和播放动作

在 Illustrator 中，记录一个动作非常简单，重复动作甚至更简单。通过动作面板查看预设动作的列表，点击【窗口】→【动作】命令，Illustrator 中的 21 个动作都编在默认的【动作】集里，如图 14-3-1。此外，也能创建自己的动作集和动作。

图 14-3-1

按照以下步骤：

步骤 1：点击【窗口】→【动作】命令，打开【动作】面板。

步骤 2：单击【动作】面板底部的【创建新动作集】按钮，为动作集命名，并单击确定按钮。

步骤 3：单击【动作】面板底部的【创建新动作】按钮，此时，Illustrator 会提醒你为即将记录的动作命名。选择刚创建的动作集，根据个人喜好选择一个功能键，这样，稍后就能使用这个按键来执行动作。完成设置时，单击【确定】按钮，可以看到动作面板底部的【开始记录】图标是高亮显示的，说明已经开始记录动作了。

步骤 4：在 Illustrator 中执行想要记录的步骤，假如动作中有一个步骤没有显示出来，可能是因为执行的功能没有被激活。

步骤 5：执行完这些步骤，单击【停止记录】按钮，动作就完成了。

步骤 6：要回放动作或其他内容，先按【动作】按钮。假如为动作指定了一个功能键，面板中高亮显示它，然后单击【播放当前所选动作】就能通过按下键盘上的正确按键来回放它。

只要记录了动作，就能通过双击它们来修改单个步骤，或者把动作拖到垃圾桶图标上删除这些步骤。在【动作】面板中单击特定的项目就会高亮显示它，在【动作】面板的菜单中选择任意的插入命令就能对动作添加特定的菜单指令，如插入停止或插入选择路径等，同样也能从【动作】面板的菜单中存储和载入整个动作集。

14.3.3　Illustrator 中的脚本

运行脚本时，计算机会执行一系列操作，这些操作可能只涉及 Illustrator，也可能涉及其他应用程序，如文字处理、电子表格和数据库管理程序。

Illustrator 支持多脚本环境（包括 Microsoft Visual Basic、Apple Script、Java Script 和 Extend Script）。可以使用 Illustrator 附带的标准脚本，还可创建自己的脚本并将其添加到【脚本】子菜单中。

一般来讲，Extend Script 在 Illustrator 中被用作驱动功能。相反，Apple Script 能使用不同的应用程序来有效地驱动。例如，Apple Script 脚本可以将外部文件或 Web 中的数据导入，并使用该数据生成一个图表，然后导出为指定格式的图表并发送到电子邮件中。

Illustrator 中含的脚本模式要么包含描述脚本如何工作的独立的 PDF 文件，要么在脚本中直接嵌入评论。这样可以使用脚本编辑器或者任何文本编辑应用程序来打开和浏览脚本，如 BB Edit、Text Edit 或 Text Pad。

14.3.4　最终发布文件时使用自动化操作

将最终文件发送给打印服务商打印时，总是会担心存在文件中的内容是否完好、打印出来的效果是否跟预想的一样等问题。

使用本章之前提到的一些自动化特性和 Illustrator 中自带的一些模板动作和脚本，就能更轻松地发布最终文件。

14.4　实例练习

本节要求：用 Illustrator 制作有苹果网站风格的按钮。

用 Photoshop 可以制作各种各样漂亮的按钮，其实它的姊妹软件 Illustrator 也拥有强大的渐变和透明功能，同样可以制作漂亮的按钮。

下面介绍用 Illustrator 制作有苹果网站风格的按钮，输出的 Web 图形，如图 14-4-1 所示。

实例中主要用到渐变、色彩、图层模式、阴影滤镜等工具。

步骤 1：点击菜单的【文件】→【新建】，新建一个文件，如图 14-4-2 所示。

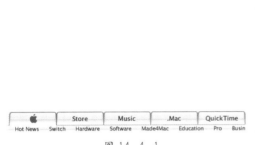

图 14-4-1

图 14-4-2

因为制作的是矢量图，如果不用于打印，文件大小设置无所谓。

步骤 2：在工具箱中选择【矩形工具】，按住不放，直到出现一个工具条，选择【圆角矩形工具】。在画板中点击鼠标左键，弹出【圆角矩形】对话框，如图 14-4-3 进行参数设置，点击【确定】后，会出现一个圆角矩形。用【选择工具】选中它，在【颜色】面板中设置笔画的颜色为 R=220、G=220、B=220，进行填充。点击【窗口】→【渐变】，在【渐变】面板中选择【类型】为渐变，在【渐变】面板中作如图 14-4-4 所示的设置，得到的效果如图 14-4-5 所示。

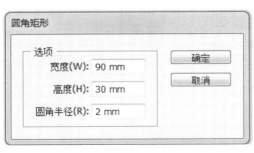

图 14-4-3

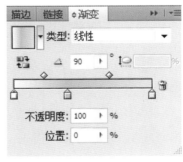

图 14-4-4

步骤 3：选中该对象，点击【效果】→【风格化】→【投影】，在弹出的【投影】对话框中作如图 14-4-6 所示的设置，执行后，效果如图 14-4-7 所示。

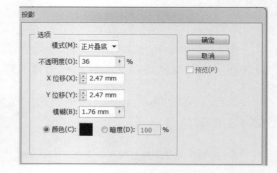

图 14-4-5   图 14-4-6

步骤4：点击【图层】面板底部的【创建新图层】按钮，新建一个图层。然后选择【矩形工具】，画一个和上面的圆角矩形相同宽度，高度约为圆角矩形一半的矩形，填充颜色为白色，位置和圆角矩形上半部重合，点击【窗口】→【透明度】，打开【透明度】面板，把混合模式改为"变亮"，不透明度设置为69%，如图14-4-8所示。此时，透明按钮的效果如图14-4-9所示。

图 14-4-7

图 14-4-8

步骤5：加入文字。新建一个图层，用【文字工具】输入"Quick Time"，字体选择 Arial，字号为45 pt，给文字加上一点投影，点击【效果】→【风格化】→【投影】，用步骤3的设置就可以了。此时，这个按钮就做好了，如图14-4-10所示。

图 14-4-9

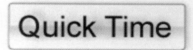

图 14-4-10

步骤6：点击【文件】→【存储为 Web 和设备所用格式】，打开界面后，按照默认选项存储为 GIF 格式，将图片导出后便完成了制作。

第 15 章　综合实例

15.1　制作透明质感立体效果

步骤 1：创建一个文件，如图 15-1-1 所示设置参数。

步骤 2：选择工具箱里的【矩形工具】，图中绘制一个长方形，填充黑色，点击工具箱的【网格工具】，在图中建立网格，然后根据需要给节点填充颜色，如图 15-1-2 所示。

图 15-1-1

图 15-1-2

步骤 3：点击【效果】→【扭曲】→【海洋波纹】，打开面板，在面板中设置如图 15-1-3 所示的参数，得到如图 15-1-4 所示的效果。

步骤 4：选择【椭圆工具】在图中绘制两个同心圆，然后选择【直线段工具】穿过圆心绘制一条直线，同时选择两个圆形和直线，点击【窗口】→【路径查找器】，在【路径查找器】面板中单击左下角的【分割】按钮，如图 15-1-5 所示。

图 15-1-3

图 15-1-4

图 15-1-5

步骤 5：用【编组选择工具】选择圆形的上半部，如图 15-1-6 设置渐变颜色，得到的效果如图 15-1-7 所示。

步骤 6：用【编组选择工具】选择圆形下半部，如图 15-1-8 设置渐变颜色，得到的效果如图 15-1-9 所示。

渐变灰度值从左到右依次为：
91.37% 75.29% 43.99% 41.51% 46.67% 53.73%

渐变灰度值从左到右依次为：
72.94% 0% 23.14% 100%

图 15-1-6　　　　　　　图 15-1-7　　　　　　　图 15-1-8

步骤 7：对圆环进行复制，点击【效果】→【像素化】→【铜版雕刻】，然后降低其透明度到 10%，利用蒙版制作，得到如图 15-1-10 所示的效果。

步骤 8：运用【椭圆工具】和【渐变工具】绘制凹凸质感效果，参数可以根据效果自己设定，如图 15-1-11 所示。

渐变灰度值从左到右依次为：
91.37% 75.29% 43.99% 41.51% 46.67% 53.73%

图 15-1-9　　　　　　　图 15-1-10　　　　　　　图 15-1-11

步骤 9：选择工具箱中的【椭圆工具】，在画布中绘制一个圆形，填充如图 15-1-12 所示的渐变颜色，得到如图 15-1-13 所示的效果。

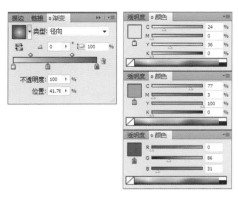

图 15-1-12

图 15-1-13

步骤 10：再次绘制一个圆，填充为白色后复制，然后对其添加不透明蒙版，如图 15-1-14 所示。

步骤 11：单击复制的圆形，然后将其不透明度设置为 10%，如图 15-1-15 所示。

图 15-1-14

图 15-1-15

步骤 12：选择工具箱里的【钢笔工具】，绘制屏幕的反光部分，然后对其进行模糊处理，适当降低它的透明度，得到如图 15-1-16 所示的效果。

图 15-1-16

图 15-1-17

步骤 13：用【钢笔工具】绘制不规则的反光图形，然后填充白色并进行不透明蒙版的处理，得到如图 15-1-17 所示效果。

步骤 14：用【钢笔工具】继续绘制下部的反光，得到如图 15-1-18 所示效果。

步骤 15：绘制高光部分，点击【椭圆工具】，然后点击【效果】→【模糊】→【高斯模糊】，根据图自行设置并调整参数，得到满意效果为止，如图 15-1-19 所示。

步骤 16：最后添加文字，得到最终效果如图 15-1-20 所示。

图 15-1-18

图 15-1-19

图 15-1-20

15.2　制作立体透视字效果

制作如图 15-2-1 所示的，立体透视字的效果。具体步骤如下：

图 15-2-1

步骤 1：新建文档，如图 15-2-2 所示。

步骤 2：选择【文字工具】，输入文字"假日热销"，调整文字参数，选择一个曲度不是很多的字体，调整合适的字号，如图 15-2-3 所示。

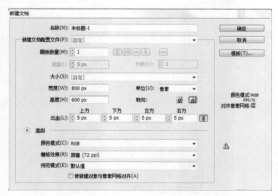
图 15-2-2

图 15-2-3

步骤3：利用 Illustrator CS4 的 3D 工具，将文字制作成 3D 效果，自行调整参数。

首先，选中文字，点击【效果】→【3D】→【凸出和斜角】，如图15-2-4所示。

然后，选择【预览】及【更多选项】，并且调整厚度、透视、视角、光源等参数，调整光效达到满意的效果，如图15-2-5所示。

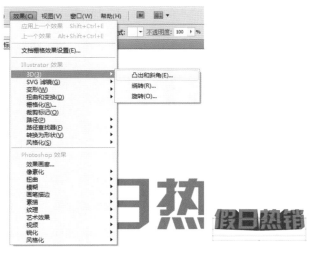 

图 15-2-4　　　　　　　　　　　　　　　图 15-2-5

注意：如果对调整的效果不满意，想要修改，不必重做前面步骤，用【外观】里的参数可以直接调出之前做过的效果的面板进行调整，其他的操作也可以这么做，如图15-2-6所示。

步骤4：拓展 3D 文字外观，把拓展出来的片面重新编组，以便制作者更好地做后面的效果，具体操作如下：

首先，选中文字，点击【对象】→【扩展外观】，如图15-2-7所示。

其次，点击右键，取消文字编组（两次），按住键盘的"Ctrl"键，点击选中正面的文字效果，并且编组，如图15-2-8所示。

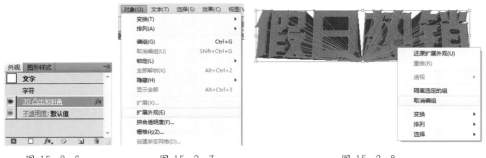

图 15-2-6　　　　　　　图 15-2-7　　　　　　　　图 15-2-8

最后，按住键盘的"Shift"键，点击选中正面的文字效果，并且编组，如图15-2-9 所示。

至此，Illustrator 部分的操作基本完成，但是不要着急关闭文件，做好保存，然后打开 Photoshop 软件，来给文件上色。

步骤 5：打开 Photoshop 软件，新建文档如图 15-2-10 所示。

图 15-2-9 图 15-2-10

步骤 6：将刚才做好的文件拖拽到 Photoshop 软件里，注意：要分两次拖入，第一次拖入全部的片面，第二次拖入正面的文字（编组过的那一组片面），分别命名为"后"和"前"，如图 15-2-11、图 15-2-12 所示。

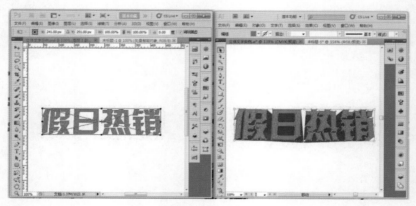

图 15-2-11

图 15-2-12

步骤7：把这两个图层的位置叠加在一起，调整到合适的大小，然后选择"前"图层，渲染效果，具体操作如下：

第一，双击"前"图层，打开【图层样式】选项，如图15-2-13所示。

第二，叠加一个渐变色，让文字有立体的光感，参数可以自行调整，如图15-2-14所示。

图 15-2-13

图 15-2-14

注意：关于渐变颜色的设置，为了使效果更加绚丽且自然，尽量不要只用两个色块，多添加一两种过渡色，这样可以更好控制颜色的感觉，如图15-2-15所示。

第三，叠加内阴影，修改阴影颜色为白色或粉色，混合模式修改成正常或滤色，角度修改为90度（不必完全参照这个参数，可根据自身调整的样式去做一些修改）。调整距离和大小等参数，这样可以为文字添加带有高光的边缘，让文字更自然，如图15-2-16所示。

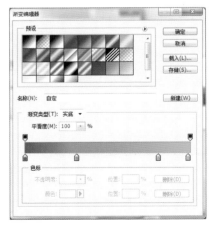

图 15-2-15

图 15-2-16

第四，为了给整个立体文字增加柔和的边缘，添加内发光，调整透明度、大小等参数，如图 15-2-17 所示。

第五，双击"后"图层，打开【图层样式】选项，叠加渐变，调整颜色和混合模式，参数设置如图 15-2-18 所示，也可以根据实际操作尝试更多的效果。

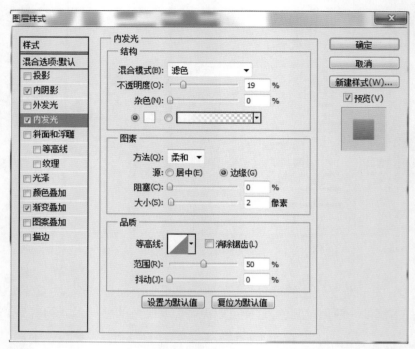

图 15-2-17

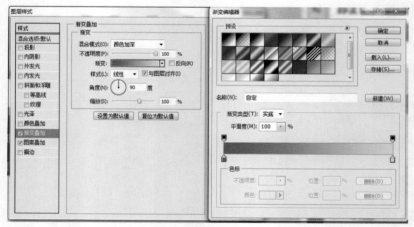

图 15-2-18

第六，叠加图案。选择一个纹理图案，图 15-2-19 是编者制作的斜纹效果，读者可以尝试更多的效果。至此，基本的立体效果已经出现了，如图 15-2-20 所示，可是文字还稍微显得有些呆板，继续为它添加一个好看的高光。

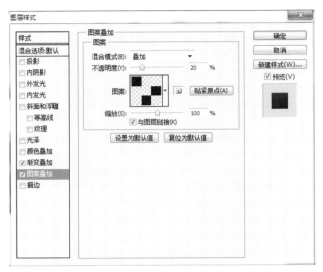

图 15-2-19

图 15-2-20

步骤 8：新建一个空白图层，放置在"前"图层的上面，命名为"高光"，并且填充白色，如图 15-2-21 所示。

步骤 9：在工具箱中选择【钢笔工具】，勾画一个带有波纹的路径，右击鼠标，选择【创建矢量蒙板】，如图 15-2-22 所示。

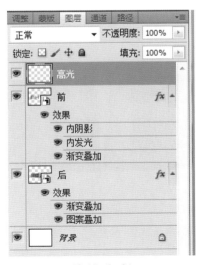

图 15-2-21

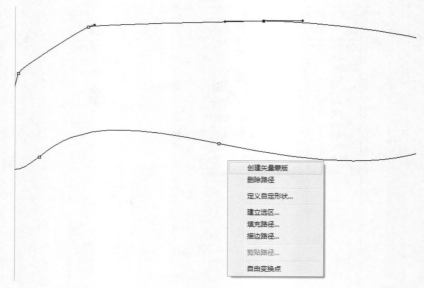

图 15-2-22

步骤 10：按住键盘的 "Ctrl" 键，选择 "前" 图层的 "缩略图" ，载入文字的选区，如图 15-2-23 所示。

步骤 11：选择图层 "高光"，为其添加【图层蒙板】，并且降低图层透明度，如图 15-2-24 所示。

图 15-2-23

图 15-2-24

至此，立体透视字基本就制作完成了，各位制作者可以任意添加背景，融合其他素材，来制作具有视觉冲击力、自然且美观的专题。

15.3 制作钢笔效果

制作如图 15-3-1 所示的钢笔效果，具体步骤如下：

步骤 1：选择【圆角矩形工具】，如图 15-3-2 所示。

图 15-3-1   图 15-3-2

按住鼠标左键不要松开，同时绘制一个圆角矩形，可以用小键盘的"上下方向键"调整圆角的弧度，如图 15-3-3 所示。

步骤 2：用【钢笔工具】调整圆角矩形的各个端点，调整为图 15-3-4 右侧的图形效果。

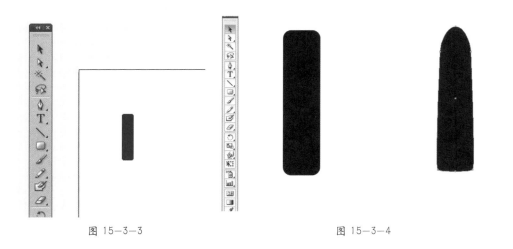

图 15-3-3   图 15-3-4

步骤 3：用【矩形工具】画出一个矩形，然后用【钢笔工具】将其调整成图 15-3-5 右侧的形状。

步骤4：选择【星形工具】，在画布中点击鼠标，出现【星形】对话框，然后将【角点数】改成"3"，单击【确定】，如图15-3-6所示。

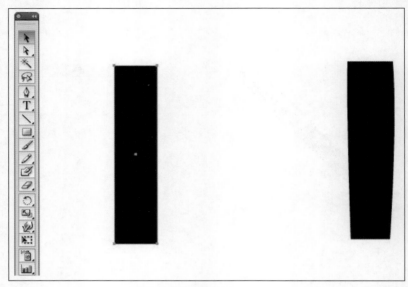

图 15-3-5

图 15-3-6

步骤5：通过【多边形工具】和【钢笔工具】画出一个如图15-3-7右边的图形。

步骤6：同时选中已画好的三个图形，点击上方的【垂直居中分布】，按住"shift"键，调整它们的间距，如图15-3-8所示。

步骤7：点击【窗口】，在下拉菜单击选择【描边】与【渐变】，为笔尖添加描边和形状的线性渐变，如图15-3-9所示。

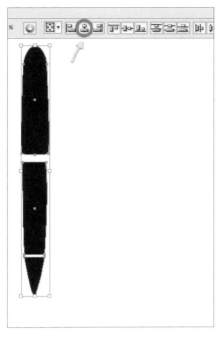

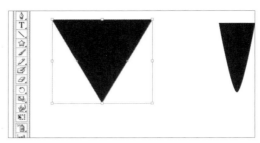

图 15－3－7

图 15－3－8

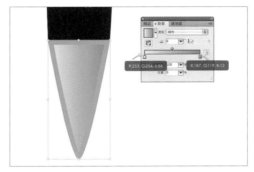

图 15－3－9

步骤 8：用钢笔勾勒出如图 15－3－10 中间的图形，填充色值为 R ＝94、G＝ 60、B＝ 0，如图 15－3－10 所示。

步骤 9：用钢笔勾勒出图 15－3－11 的两个图形，并填充白色，将二者的不透明度分别改成 50％ 和 30％，如图 15－3－12 所示。同步骤 7，将这两个图形填充为线性渐变，不透明度设为 0％。

图 15－3－10

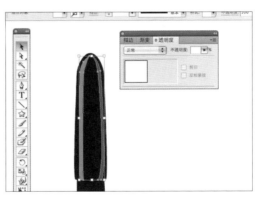

图 15－3－11

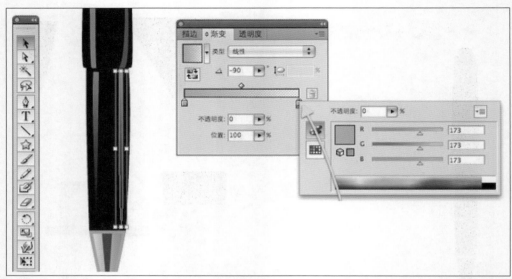

图 15-3-12

步骤 10：用【矩形工具】画出四个矩形，如图 15-3-13 所示，同时选择这四个矩形和笔帽，然后点击【窗口】→【路径查找器】，点击【形式模式】下的【交集】按钮，同时按住键盘的"Alt"键，如图 15-3-14 所示。

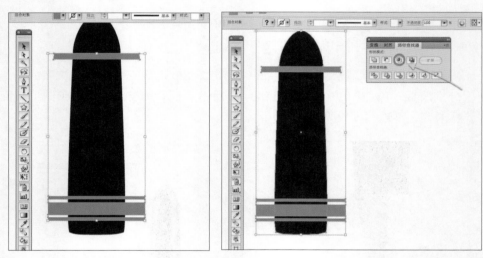

图 15-3-13   图 15-3-14

将得到的图形作线性渐变，完成后。并将其置于两条高光线的下面，慢慢调整，并不时缩小图形看整体效果，直到满意为止，如图 15-3-15 所示。

步骤 10：用【钢笔工具】勾勒出如图 15-3-16 所示的笔帽上的图形，然后将其作线性渐变并调整，如图 15-3-16 所示。

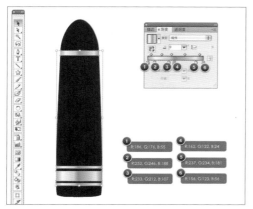

图 15-3-15

图 15-3-16

将勾勒出的图形由"R =110、G=59、B =4"渐变到透明,如图 15-3-17 所示。

步骤 11:如图 15-3-18 所示,绘制左边的两个图形,并按图 15-3-18 中的参数填充颜色。

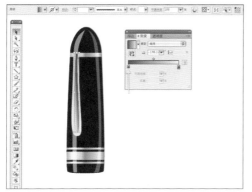

图 15-3-17

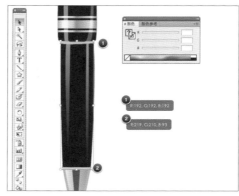

图 15-3-18

步骤 12:缩小画布,如图 15-3-19 所示。

调出定界框,按"Ctrl"+"Shift"+"B",然后按住"shift"键,让图形旋转 45 度,如图 15-3-20 所示。

步骤 13:绘制阴影,然后填充为黑色,不透明度设为 40%,高斯模糊的【半径】设为 3.0,具体参数可以自己调整,效果如图 15-3-21 所示。

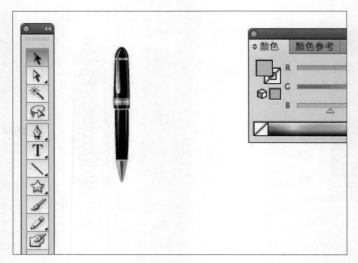

图 15-3-19

图 15-3-20

图 15-3-21

步骤14：先选中阴影，用【旋转工具】在阴影左端点击一下，然后旋转调整其角度，效果如图15-3-22所示。至此，钢笔的最终效果就完成了。

图 15-3-22

参 考 文 献

[1]杨春浩，马增友.Adobe Illustrator CS4 图形设计与制作技能基础教程[M].北京：科学出版社，2010.

[2]周蔚，张爽.Illustrator CS2 实用教程[M].北京：北京理工大学出版社，2009.

[3]管学理.Illustrator 图形处理[M].上海：中国出版集团东方出版中心，2012.

[4]翟剑锋，石素卿.Illustrator 职业应用项目教程[M].北京：机械工业出版社，2011.

[5]赵苗苗，张思佳.Illustrator 职业技能实训案例教程[M].北京：清华大学出版社，2011.

[6]Adobe公司.Adobe Illustrator CS5中文版经典教程[M].刘芳，张海燕，译.北京：人民邮电出版社，2011.

[7]李金蓉.突破平面 Illustrator CS5 设计与制作深度剖析[M].北京：清华大学出版社，2012.

[8]斯得渥.The Adobe Illustrator CS5 WOW！Book[M].刘浩，译.北京：中国青年出版社，2011.

[9]朱海燕.中文版 Illustrator CS5 基础培训教程[M].北京：人民邮电出版社，2012.

[10]李万军，马鑫.做好设计师：我的 Illustrator CS5 平面设计书[M].北京：电子工业出版社，2011.

[11]雷波.Photoshop+InDesign/Illustrator 书籍装帧及包装设计与制作[M].北京：高等教育出版社，2009.

[12]赵艳东，等.Illustrator CS5 平面设计师必读[M].北京：印刷工业出版社，2011.

[13]李金荣，等.中文版 Illustrator CS5 高手成长之路[M].北京：清华大学出版社，2012.

[14]林兆胜.Illustrator 商业案例精粹[M].北京：科学出版社，2009.

[15]管虹.中文版 IIlustrator CS5 平面设计与制作精粹 208 例[M].北京：科学出版社，2011.